Peter Baumann
Karlheinz Baumann

Das Geheimnis der Orchideen

Hoffmann und Campe

Für Alfred Schmitt zum 60. Geburtstag

CIP-Titelaufnahme der Deutschen Bibliothek

Baumann, Peter:
Das Geheimnis der Orchideen /
Peter Baumann ; Karlheinz Baumann.
– 1. Aufl. – Hamburg: Hoffmann u. Campe, 1988
ISBN 3-455-08311-0
NE: Baumann, Karlheinz

Lektorat: Jutta Siegmund-Schultze
Schutzumschlaggestaltung, Layout und Typographie:
Wolfgang Michael Hanke
Gesetzt aus der Optima, Auszeichnungen
Walbaum Linotype kursiv
Lithographie: MB Scan Repro GmbH, München
Satz: Utesch Satztechnik GmbH, Hamburg
Druck und Bindearbeiten: Neue Stalling, Oldenburg
Printed in Germany

Inhalt

Vorwort

Während eines Besuches in Ecuador gab mir mein Freund Alexander Hirtz verschiedene Bücher aus der Feder angesehener Botaniker zu lesen. Sie handelten von Orchideen, und ich fand darin Worte wie in Liebesbriefen. Vom »locken-den Schwung ihrer Linien«, vom »schimmernden Schmelz ihrer Farben« war die Rede und gar von Blüten, »die man begehrt, besitzen will«. Ich dachte mir, wenn Orchideen einen nüchternen Wissenschaftler beinahe in einen Poeten zu verwandeln vermochten, wie mag es dann erst um die Laienrunde unter den Orchideenliebhabern bestellt sein.

Aber, verwirrend genug, manche Verfasser erzählten von Orchideen, die wie Teufelsmasken und glatzköpfige Spottgesichter aussähen, von Arten, die einen so beizenden Geruch wie die Duftmarken eines brünstigen Katers ausströmten. Und überhaupt der Name Orchis. Er stamme, hieß es, aus dem Griechischen und bezeichne Besonderheiten der männlichen Anatomie, die den Wurzelknollen der Orchideen ähnlich sähen. Alle Beobachter, so schien mir, einigte die Feststellung, Orchideen hätten eine erotische Ausstrahlung. Den Menschen im Mittelalter waren sie sogar unheimlich: »Sie wachsen«, meinte der Jesuit Athanasius Kirchner, »im Boden, wo die Tiere sich begatten.« Zu seiner Zeit nannte man Orchideen »Nahrung des Satans« und »Helfer bei seinen Exzessen«. 1737 rettete sie der Schwede Linné dann endlich aus den Niederungen des Aberglaubens auf die wissenschaftliche Höhe seiner Zeit und nahm sie in sein Werk »Genera plantarum« auf.

Doch das Mystische, das Geheimnisvolle ist ihnen bis heute geblieben, was uns nicht nur Wortschöpfungen wie Heiliggeist-Orchidee, Kruzifix-Orchidee und Blume des Todes beweisen.
Mein Interesse an diesen unglaublichen Pflanzen war geweckt. Ich wußte auch, daß Alexander Hirtz mir die Welt der Orchideen nahebringen konnte wie kein anderer. Etwa fünfzig solcher Pflanzenschönheiten in den Tropen trugen schon seinen Namen, den Namen ihres Entdeckers. Als ich ihn dann 1983 auf der ersten Jagd nach Orchideen in die Hangwälder an der »Bananenstraße« in Ecuador begleitete, ahnte ich noch nicht, daß ich am Beginn einer faszinierenden Erfahrung stehen sollte.

Die Teufelsfratze der Huntleya meleagris und ähnliche Blumengesichter mögen schon Menschen im Mittelalter angeregt haben zu ihren Vorstellungen von Orchideen als »Nahrung des Satans« und »Helfer bei seinen Exzessen«. Die ursprünglich einfache, dreizählige Symmetie des Blütenbaus zeigt sich hier sehr klar. Das obere und die beiden unteren Kelchblätter liegen hinter den beiden seitlichen, mit weinroten Marken versehenen Kronblättern und der Lippe, die hier leicht verbreitert ist, aber flach bleibt.

Ich begegnete Calaway Dodson, der dem Geheimnis der Orchideenduftstoffe auf den Grund gegangen war, und Bodo Schick, der zu ergründen suchte, welche Kraft wirksam ist, wenn bestimmte Orchideen zielgenau einen Klebstoff ausstoßen, mit dem sie Insekten ihre Pollen anheften. Ich war in Kew Gardens bei London, wo man neue Methoden der Zucht wilder einheimischer Orchideen erprobte. Zu diesem Buch wäre es wohl dennoch nie gekommen, hätte ich über das Zweite Deutsche Fernsehen nicht den erfolgreichen Naturfilmer Karlheinz Baumann kennengelernt, der viele Jahre mit der Kamera auf Orchideenjagd gewesen war.

Im Schneideraum bei ihm in Gomaringen sah ich Orchideen, die als Insektenfallen konstruiert waren. Blütenbesucher erlebten darin ihr »blaues Wunder«. Die Orchideen lockten Hautflügler an, die beim Landeversuch auf dem rutschigen Lippenblatt hilflos in einen kleinen See im Innern der Blüte glitten und im Entrinnen aus dem einzig möglichen Ausgang Pollen auf den Rücken geheftet bekamen, ehe sie sich aus dem Blütenstaub machen konnten. Wir sahen uns Blumen an, die sich nicht nur im Rhythmus eines Tages öffneten und schlossen, sondern zu sekundenschnellen Bewegungen fähig waren. Eine Orchidee mit Namen Catasetum schoß sogar mit ihrem Pollen auf vorüberfliegende Insekten. Wir beschlossen, einen gemeinsamen Film über Orchideen zu machen. Daran reizte uns vor allem die Aufgabe, Lebensvorgänge aus der Welt dieser Pflanzen optisch erstmals zu dokumentieren.

Wir gewannen befreundete Wissenschaftler wie Calaway Dodson, Carlyle Luer, Alexander Hirtz und andere für diese Idee. Und wir konnten Alfred Schmitt beim Zweiten Deutschen Fernsehen, mit dem wir zuvor schon viele Jahre zusammengearbeitet hatten, von unserem Projekt überzeugen. So wurden uns Forschungsreisen in Europa, in die Andenländer und die Amazonasgebiete Südamerikas ermöglicht, um »das Geheimnis der Orchideen« weiter zu lüften, und zwar in zwei Filmen und in diesem Buch.

Berlin, im Herbst 1988
Peter Baumann

In Mitteleuropa wachsen nahezu fünfzehn verschiedene Knabenkräuter auf Wiesen, in Wäldern oder in sumpfigem Gelände. Hier ist es das Helmknabenkraut (Orchis militaris), das auf einer Wacholderheide seine violette Blütenrispe entfaltet hat. Die fünf zu einem Helmchen zusammengewachsenen Blütenblätter haben ihm den treffenden Namen gegeben.

1 *Der Inbegriff aller romantischen Sehnsüchte*

An einem heißen Tag des Jahres 1892 quält sich eine Maultierkarawane einen halsbrecherischen Saumpfad in den peruanischen Anden hinunter. Immer wieder müssen die Tiere unter breiten Wasserfahnen hindurchziehen. Staubfeiner Sprühnebel macht den Weg gefährlich glatt. Endlich, auf einem Plateau, schlagen die Männer ein Lager auf. Im letzten Licht werden die Maultiere von ihren Lasten befreit. Um einige Kästen kümmert sich Oversluys, der Leiter der Expedition, mit besonderer Sorgfalt. Er läßt sie neben seinem Zelt aufstellen, und einen Kasten nimmt er mit hinein.

Spät in der Nacht, als die Lagergeräusche verstummt sind, ergreift er die Laterne und öffnet den Kasten. Der Lichtschein fällt auf große Blüten von außerordentlicher Schönheit. In ihrer Mitte fällt die gekräuselte Lippe auf, deren weißer Saum an feinste Brüsseler Spitze erinnert. Das Farbenspiel ihres Kelches reicht von einem zarten Rosa am äußersten Rand bis zu einem satten Gelb im Inneren. Die ganze Fläche ist übersät mit tiefroten Spritzern. Umrahmt wird diese herrliche Lippe von großen, cremefarbenen Blütenblättern. Der Orchideenjäger Oversluys hebt eine der Pflanzen fast zärtlich heraus, und dabei wechselt sein Mienenspiel von Andacht zu wildem Triumph. Wenn diese Kostbarkeit den Züchter und Händler Sanders in London erreichte, bekäme er ein gutes Stück Geld. Diese Cattleya-Orchidee, die dann in England wegen ihrer wunderbaren Blüten die Bezeichnung »königlich« erhalten wird, findet unter den Kunden des Mr. Sanders enthusiastische Aufnahme. Entsprechend groß ist auch die Nachfrage.

Frederick Sanders, den Oversluys belieferte, war Ende des 19. Jahrhunderts Marktführer in Sachen Orchideen. Doch war der Engländer nur einer der großen Händler, die viele zehntausend Pflanzen umsetzten. Solche Größenordnungen waren nicht nur Symptom für eine Liebhaberei, sondern für eine Manie. Diese Leidenschaft suchte zunächst fast ausschließlich reiche Leute heim, die es sich leisten konnten, Glashäuser mit Gas zu beheizen und oft mehr als hundert Pfund für eine bestimmte Orchidee zu bezahlen. Männer wie Oversluys, die für die Händler in die Wildnis gingen, wagten ihr Leben. Die Orchideenjäger lieferten sich ja nicht nur den Gefahren aus, die in unerschlossenen Gebieten lauerten – feindseligen Kriegern, tropischen Krankheiten, giftigen Schlangen –, sondern sie riskierten auch Überfälle ihrer Konkurrenten, die ihnen die Schätze abzujagen suchten.

Die meist attraktiv gekräuselte, trichterförmige Lippe, der intensive Duft und natürlich die Größe, die bei einzelnen Arten nahezu 20 cm erreicht, machen die Orchideengattung Cattleya zur Königin unter Königlichen. Im tropischen Amerika ist diese Gattung beheimatet und umfaßt circa vierzig Arten, unter ihnen die hier abgebildete Cattleya califlora.

*K*leinorchideen wie diese zierliche Pleurothallis-Art, die Alexander Hirtz erst 1987 im Condor-Gebirge entdeckt hat, fanden im 18. Jahrhundert noch kaum jene Wertschätzung als wissenschaftliche Raritäten wie heute.

Hohe Summen standen auf dem Spiel. Die Leidenschaft der Liebhaber machte aber kaum die Orchideenjäger in den Tropen reich. Zu Millionären wurden nur Frederick Sanders und andere Händler in Europa und Nordamerika.
Im Jahre 1904 bezahlte ein Liebhaber für eine Orchidee mit dem Namen Odontoglossum crispum aus Kolumbien 1500 Pfund Sterling, gut 60 000 Mark. Betrag und Jahr markierten den Höhepunkt einer Entwicklung, die 1733 ihren Anfang genommen hatte. Einige Händler erinnerten sich daher dankbar an jenes Jahr, als die erste tropische Orchidee, die rosafarbene Bletia purpurea, von den Bahamas nach England versandt wurde. Die Pflanze war für den Sammler Peter Collinson bestimmt und kam aus New Providence.

Ein Sir Charles Wagner erweckte die ziemlich ramponierte Orchidee wieder zum Leben, und – welch ein Wunder! – sie blühte im Sommer 1734. In den folgenden Jahren brachten vor allem Schiffsoffiziere immer wieder Orchideen für Botaniker mit oder einfach als exquisite Geschenke für ihre Damen. Sie waren wohl auch verantwortlich für die Behauptung, Orchideen seien Parasiten, die mit ihren Lianen und Luftwurzeln Äste und Bäume strangulierten, ein Irrtum, der 1815 sogar Eingang in das renommierte »Botanical Register« fand.

Wir wollen nicht alle die kleinen Schritte verfolgen, durch die tropische Orchideen in Europa bekannt und beliebt wurden. Bemerkenswert ist aber doch, daß es im Jahre 1793 jener Captain Bligh war, der durch die »Meuterei auf der Bounty« negativen Weltruhm erlangte, der fünfzehn Orchideen aus dem Südpazifik nach England brachte.
Was zunächst nur eine Sache für wenige Kenner war, wurde um 1830 zur Mode, größer noch als das »Tulpenfieber« des 17. Jahrhunderts in Holland. Für den Besitz der vollkommensten und schönsten Blüten auf Erden opferten Liebhaber Vermögen und wagten Orchideenjäger ihr Leben. Es war wie ein Rausch, eine Jagd nach der Blauen Blume, in der Dichtung Inbegriff aller romantischen Sehnsüchte. Die zehn Jahre zwischen 1840 und 1850 galten als Höhepunkt des Booms. Orchideen verkörperten alles, was man für »exotisch, bizarr und kurios« hielt. Man organisierte sogar Abendgesellschaften um eine blühende Orchidee herum.

Das Fieber sprang von den Britischen Inseln auf den Kontinent über und erfaßte nach und nach auch Belgien, Frankreich und Deutschland. Die Jagd nach Orchideen erstreckte sich nun auf die ganze tropische Welt. Um die Mitte des 19. Jahrhunderts wurde für eine Cattleya in Covent Gardens, England, umgerechnet über 1800 Mark bezahlt.
Solche Wertschätzung der exotischen Pflanze hatte ihren Grund nicht nur in der Schönheit und Exklusivität einzelner Arten, sondern auch in der Schwierigkeit, Orchideen zu halten oder gar zu züchten.

Man tötete, was man leidenschaftlich liebte, weil man viel zuwenig von der Biologie dieser am höchsten entwickelten und kompliziertesten Pflanze auf Erden wußte. In den Augen der hilflosen Orchideenhalter waren die Tropen offenbar eine Art Vorhölle. Sie wußten nichts von den verschiedenen Klimalandschaften in den Inneren Tropen und beheizten ihre Gewächshäuser so stark, daß ihre Pfleglinge manchmal binnen weniger Tage vertrockneten. Mit dem Namen des Engländers John Lindley (1799–1865) ist zwar ein erster bedeutender Fortschritt in unserem Wissen über Orchideen verbunden – der Botaniker an der Royal Horticultural Society schrieb das grundlegende Werk »The Genera and Species of Orchidaceous Plants« –, er war es aber auch, der riet, Orchideen unter feuchten Klimabedingungen zu halten. Seine Informationen bezogen sich auf Pflanzen aus einem sehr begrenzten Gebiet, und die Leute, die bis dahin ihre Orchideen zu trocken gehalten hatten, verfielen nun ins gegenteilige Extrem.

Sie hielten Orchideen in Gläsern ohne Luft, auf verrotteten Ästen und Wurzeln, wie sie es in Kew Gardens gesehen hatten, wo man aber nicht besser Bescheid wußte und Orchideen wie »Tiere hielt, die Insekten fraßen«. Die »Nation von Gärtnern« war ratlos.

*D*ie Gattung Maxillaria ist wohl jedem Orchideenliebhaber geläufig, umfaßt sie doch etwa 485 Arten. Alexander Hirtz fügt hier eine weitere, neue hinzu. Mit ihren ausgreifenden, schimmernd weißen Blütenblättern und breit gewölbter, sattgelber Lippe hat er sie im Nebelwald des Condorgebirges in Ecuador erst zweimal gefunden.

Lindleys falscher Rat hielt sich hartnäckig, auch nachdem ein Gärtner in England die Glashaustemperaturen senkte und auf die unerhörte Idee kam, Luft in die Räume zu lassen. Seine Halterfolge sprachen sich offenbar nicht schnell genug herum. Den Händlern konnte das nur recht sein. Sie verdienten. Die Jagd nach den Orchideen rechtfertigte jeden Aufwand. Unter den Orchideenjägern, die um 1850 in Zentral- und Südamerika arbeiteten, waren außer Oversluys auch William Lobb und der Tscheche Benedict Roezl besonders »erfolgreich«. Sie waren mitverantwortlich für die furchtbaren Verluste an Orchideen im 19. Jahrhundert, die auch die an Raubbau gewöhnten Menschen unserer Zeit erschrecken können. Allein von der Cattleya rex schickte der Orchideenjäger Oversluys 17 000 Exemplare an die Firma Sanders in England: »Einige unserer Sammler haben so wenig Achtung für diese Naturschätze, daß sie alles nehmen, was sie kriegen können, ohne Rücksicht auf die Zukunft«, klagte der Engländer B. S. Williams im Jahre 1885.

Inzwischen hatte ein gewisser Nathaniel Ward zwar einen Kasten aus Glas und Holz konstruiert, in dem Pflanzen lange Reisen überstehen konnten, weil sie Licht und Luft erhielten, dennoch kam höchstens ein Fünftel aller tropischen Orchideen lebend in Europa an, denn die Schiffskapitäne waren zu unfähig oder zu unwissend, sie richtig unterzubringen. Sie stellten die Wardschen Kästen in lichtlose, überheizte Räume. In Wahrheit waren die Orchideenfreunde also Orchideenfeinde. Und sie sollten es bis in die zwanziger Jahre unseres Jahrhunderts bleiben, auch wenn Kenner bald sensibler auf die Naturnotwendigkeiten eingingen. Dazu gehörte nicht nur das richtige Habitat. Man mußte, wollte man Orchideen züchten, den Pflanzen auch einen winzigen Pilzpartner erhalten, der ihnen Nahrung aufschloß. Zunächst unersetzlich aber war das Heer von »Hochzeitsvermittlern«, das in der freien Natur für die Vermehrung und Verbreitung der Orchideen sorgt.

2 *Verlockung und Tod auf einer Coryanthes-Orchidee*

Viele Rätsel wurden seit den Tagen der wilden Orchideenjäger gelöst. Einem der großen Geheimnisse der Orchideen kam ein Amerikaner auf die Spur, und zwar Calaway Dodson. Er fand den Schlüssel zu den Duftstoffen, mit deren Hilfe bestimmte Orchideen Insekten anlocken, die ihnen unentbehrliche Helfer bei der Hochzeit sind. Eine ganz ungewöhnliche Hochzeit und damit den vielleicht aufregendsten Vorgang in der Welt der Orchideen zu filmen hatte der Forscher uns im Jahre 1987 eingeladen.

Auf Dodsons Hazienda am Rio Palenque in Ecuador sollten wir zunächst das Vorspiel erleben. Daß die Inszenierung dieses Vorspiels gelingen würde, dessen war sich der Professor ganz sicher, denn er hatte seit den sechziger Jahren die Duftgemische von Orchideen analysiert und mit seinen Mitarbeitern im Laufe der Jahre die meisten der 56 bekannten Wirkstoffe identifiziert.

Einer der bekanntesten Duftstoffe, der unter den Menschen die Herren zu den Damen lockt und bei den Orchideen die Insekten zu den Blüten, heißt ganz nüchtern Benzylacetat. Ihn haben ein berühmtes Parfüm Christian Diors und manche Orchideen gemeinsam. Calaway Dodson besaß Benzylacetat in seiner wissenschaftlichen Station am Rio Palenque als chemisch reine Substanz ebenso wie den Duftstoff Cineol, den wir in Eukalyptusbonbons und »Wick VapoRub« finden. Ihn wollte er bei seinem Experiment im Freiland einsetzen. Er beträufelte ein Blatt Fließpapier mit Cineol und heftete es an einen Baumstamm. Es dauerte nicht einmal eine Minute, bis wir Besuch hatten. Der Duftstoff hatte bald eine der hübschen Schmuckbienen angelockt, die ihn zunächst zu prüfen schien und sich dann emsig an die Sammelarbeit machte. Niemand weiß, wie weit die Wirkung dieses »Parfüms« reicht.

Man vermutet, etwa acht Kilometer.

Dodson hat in Versuchen nachgewiesen, daß man sich mit einem cineolgetränkten Blatt Fließpapier mitten im Häusermeer einer Großstadt an ein Fenster stellen kann und dort nach kurzer Zeit von den hübschen Bienen besucht wird. Auch eine andere Prachtbiene aus der Gruppe der Euglossini, die wiederum auf Benzylacetat reagierte, ließ sich anlocken. Sie soll besonders fleißig sein und über 2000 Orchideenarten bestäuben.

An diesem Morgen auf der Hazienda versetzte unser Cineol ein paar grünmetallisch schimmernde Prachtbienen in einen wahren Sammelrausch. Jedenfalls mißachteten die Tiere alle Gefahren im Wirkungsbereich des Duftstoffes. Das aufregende Experiment trieb unseren Forschergeist an. Wir wollten nun unbedingt Gäste bei jener geheimnisvollen Hochzeit im Urwald sein, die uns mehr über das Verhältnis bestimmter Orchideen zu den Prachtbienen verraten sollte.

Calaway Dodson experimentiert auf seiner Hazienda am Rio Palenque im Westen Ecuadors. Er beträufelt ein Stück Fließpapier (oben) mit dem Eucalyptus-Duftstoff Cineol und hängt es an einem Baumstamm auf.

Kaum eine Minute später erscheint bereits eine erste Prachtbiene mit ihrem extrem langen Rüssel und rot glänzendem Hinterleib vor dem Blatt Papier, um den Duftstoff einzusammeln. Die schmucke Bienenart, hier im Größenvergleich mit einer roten Reißzwecke, wurde nach ihrem Entdecker Euglossa Dodsoni genannt. Euglossa: »die mit der Zunge«, weil sie eine auffällige, über-körperlange Zunge unter dem Leib trägt.

Der »fliegende Smaragd« (links), ein Prachtbienenmännchen, steht im Schwirrflug vor der Blütensteilwand einer Coryanthes-Orchidee, die ihre duftende Verlockung wirken läßt.

Wir waren in Premierenstimmung, als wir bei Sonnenaufgang am nächsten Tag mit Calaway Dodson, Alexander Hirtz und Robert Staub die Quartiere in der Forschungsstation am hohen Ufer des Rio Palenque verließen. Von hier aus hatten wir einen herrlichen Blick auf die gelben Schleifen des Flusses tief unten im Tal. Einige Sandbänke waren dicht besetzt mit Kormoranen und weißen Reihern. An diesem Vormittag aber hatten wir nur Sinn für eine Orchidee mit dem Namen Coryanthes. Wohin die Reise genau ging, werden wir verschweigen, denn wir wollen die wenigen Resturwälder auf der Pazifikseite der Anden vor unliebsamen Besuchern schützen. Noch immer wird nämlich gegen das Washingtoner Artenschutzabkommen verstoßen, das unter anderem auch das Sammeln und die Ausfuhr von Orchideen in Ecuador verbietet.

Unsere Orchidee an der achsenbrechenden Straße zwischen Gebirgshang und Fluß ausfindig zu machen hätte der sprichwörtlichen Suche nach der Stecknadel im Heuhaufen geglichen, wären Hirtz und Dodson sich nicht so sicher gewesen, wo man die Coryanthes finden konnte. Im Buschdickicht erreichte unsere kleine Expedition schließlich die Stelle, wo nach aller Erfahrung ein Standort der Coryanthes sein mußte. Finden aber konnte man sie nur an dem einzigen Tag im Jahr, an dem sie wirklich in voller Blüte stand. Und diesen Gefallen tat uns die Orchidee. Fünf ihrer Blätter hatten sich zu eindrucksvoller Größe entwickelt.

Eigentlich war die Coryanthes keine Schönheit. Ihre Epidermis erschien uns von einer ungesunden, nässenden Blässe und war von hektischen roten Flecken übersät. Wir riskierten einen Blick in die Tiefe des kannenförmigen Kelches einer Blüte. Von seinem glatten Schlund tropften in langen Abständen glasklare Wasserkörperchen in einen See, der sich auf dem Grund der Blüte gebildet hatte. Als er sechs Millimeter tief war, versiegte der Zufluß plötzlich.

Die Orchidee war vielleicht keine Schönheit. Aber ihr Duft! Dieser betörende Duft war es, der seine Wirkung tat, noch ehe wir die Kamera auf das Stativ gesetzt und das Mikrofon gerichtet hatten. Ein pfeilschnelles kleines Lebewesen war plötzlich da. Der »Fliegende Smaragd« stand im Schwirrflug vor einer Blütensteilwand unterhalb des kannenförmigen Kelchrandes in der Luft und begann mit den Vorderbeinen die winzigen Tröpfchen dort abzubürsten, um sie im Flug an die mittleren Beine weiterzureichen und von dort in die Parfümtäschchen an den Hinterbeinen zu praktizieren. Dabei wurde er immer wieder von blauschwarzen kleinen Käfern gestört, die ohne Rücksicht auf andere Besucher über der Blüte kurvten. Wir konnten kaum 30 Meter Film verdrehen, da flog die Prachtbiene davon. Enttäuschung.

Wir warteten. Ein paar Minuten später tauchte aus heiterem Himmel eine zweite Prachtbiene auf und begann mit den saugfähigen Haarquasten der Fußglieder eine Blüte abzubürsten. Unmittelbar vor der Kamera. Das Surren der Bolex störte sie nicht. Auch die Zudringlichkeit des Objektivs störte sie nicht. Der Duft der Coryanthes war für das Insekt offenbar von unwiderstehlichem Reiz. Karlheinz Baumann konnte seine Kamera in Ruhe mit einem Makro-Objektiv versehen, das Auge an den Sucher legen und auf den Auslöser drücken, so beharrlich widmete sich die Biene ihrer Sammelleidenschaft.

*K*urz vor dem Aufblühen wirken die hühnereigroßen Blütenknospen einer Coryanthes wie Wachsmasken mit mürrischem Ausdruck. Schon am folgenden Morgen werden sie aufspringen und für einen Tag ihren Duft verströmen.

*M*it breiten Pinselquasten an den Füßen der Vorderbeine sammelt das Prachtbienenmännchen Duftstofftröpfchen auf der drüsigen, glitschigen Oberfläche der Coryanthes-Orchidee. Erst nach Abheben zum Schwebeflug wird es mit Hilfe der Rinne an den mittleren Beinen die Flüssigkeit durch eine Öffnung in die fast kugelige Verdickung der Hinterbeine einfüllen.

*F*risch entfaltet präsentiert nun die Coryanthes-Orchidee ihre ganze raffinierte Anatomie. Sobald die blassen Kelchblätter – hier nach links – zurückgerollt sind, erscheint die rot gefleckte, kannenförmige Lippe, die von oben tropfenweise aus ihrem bügelförmigen Träger mit einer wässerigen Ausscheidung gefüllt wird. Unter der schiefen, zur Kanne hin leicht geneigten Plattform steht eine geschweifte, dunkelrote Säule, deren drüsige Oberfläche den arteneigentümlichen Duftstoff ausscheidet.

Der Hochbetrieb an der Coryanthes rief auch eine riesige Gottesanbeterin auf den Plan. Auf stakeligen Beinen näherte sie sich am Boden der Orchidee und erklomm ohne besonderes Versteckspiel die Pflanze. Gefahr für unsere Prachtbiene? Wir behielten die Gottesanbeterin im Auge. Als sie die unterste Blüte erreicht hatte, klaubte sie mit ihren riesigen Fangarmen ein, zwei der dort umherkurvenden Käfer ab und stillte den ersten Hunger. Dann kletterte sie höher hinauf und richtete sich in aller Ruhe an der Seite einer Blüte ein. Wir bauten uns, aufs äußerste gespannt, vor der Szene auf. Eine neue Prachtbiene kam. Sie hatte die Blüte noch nicht berührt, da schnellten die beiden riesigen Fangarme der Gottesanbeterin vor. Die Biene entging ihnen mit knapper Not. Nun dachten wir, der Augenblick tödlicher Gefahr habe das Tier gewarnt. Doch es riskierte einen zweiten Anflug. Wieder fuhren die tödlichen Arme durch die Luft, wieder setzte die Biene blitzschnell zurück. Atemlos verfolgten wir das Drama. »Warum fliegt das Tier denn keine andere Blüte an? Ist denn diese Orchidee so unwiderstehlich?« Karlheinz Baumann sprach aus, was wir alle dachten. Und plötzlich war der Tanz vorbei. Die Gottesanbeterin hakte die schillernde Beute im Fluge irgendwo am Leib und riß sie an sich. Es sah aus, als hielte sie die Biene wie eine

Geliebte zärtlich in der Armbeuge. Aber da war die Kette scharfer Zacken, die wie Zähne ineinandergriffen. Und der Kuß dieser Liebhaberin war tödlich. Sie knackte mit ihren Mundwerkzeugen den schönen, grüngoldenen Panzer des unglücklichen Ritters und saugte durch die Öffnung seinen Lebenssaft in sich hinein. Das Opfer ruderte wild mit den freien Vorderbeinen und wendete mit zitternden Fühlern den Kopf hin und her. Nach einigen Minuten erlahmten die Bewegungen. Nur gelegentlich noch zuckten die Beine. Nach einer weiteren halben Minute war der Todeskampf vorbei. Unheimlich das Aufglühen der Augen im letzten Augenblick. Die Gottesanbeterin ließ die schillernde Chitinhülle fallen und machte sich nach einer Verdauungspause gemächlich an den Abstieg. Oben auf der Blüte aber ging das Leben weiter. Die Prachtbienen nutzten die kurze Spanne weidlich, in der die Coryanthes ihre Duftstoffe zur Verfügung stellte. Sie sammelten im übrigen nicht etwa Nahrung für einen hungrigen Staat wie unsere Honigbiene, sondern benötigten die Duftstoffe für ihre Hochzeit. Als Tribut für das Parfüm sollten sie der Orchidee bei der Befruchtung helfen. Bei unserer Coryanthes aber wollte das an diesem Morgen nicht recht klappen. Die Insekten bürsteten die Blüten ab, ohne sich an die Geschäftsgrundlage zu hal-

Über der gefleckten Kannenfalle gleißen die unwiderstehlich verlockenden Duftstoffperlen. Das davor schwirrende Prachtbienenmännchen befördert im Flug die gesammelten Tröpfchen in die bauchig verdickten Hinterbeine. Seinen langen Rüssel benötigt es dazu nicht; es legt ihn unter den Körper. Es benutzt ihn zum Nektarsaugen auf Blüten ganz anderer Art.

*E*ine Gottesanbeterin in Lauerstellung setzt sich mit ihren Fangarmen genau in die Anfluglinie der Prachtbiene und verfolgt hin und her äugend jede Flugbewegung der sich nähernden Beute.

*A*us der Umklammerung dieser zahnbesetzten Fangbeine gibt es kein Entrinnen. Mit ihren spitzen Kiefern knackt die Gottesanbeterin den grünschillernden Panzer des unglücklichen Ritters, leckt seinen Körpersaft, läßt Stück für Stück zu Boden fallen. Es verbleibt im Moment ein Thoraxteil, ein Flügel und der Kopf mit seinen drei kugeligen Punktaugen, den Fühlern und dem matten Facettenauge.

ten: Nicht eine kam der Anthere mit den Pollinien zu nahe.
Wir wollten uns von der Blütenbiologie aber ein Bild machen. Also gaben wir einer der betörten, selbstvergessenen Bienen, die gerade am oberen Rand der Blütenkanne arbeiteten, einfach einen Schubs, und sie fiel in die Tiefe. Auf dem Grund der Blüte nahm die Biene ein unfreiwilliges Bad. Sie versuchte sich zu orientieren. Der einzige Ausweg aus der Wanne wurde ihr durch einen »fernen« Lichtschein signalisiert. Sie krabbelte zur Öffnung, und während sie sich hindurchzwängen wollte, klebte ihr die Coryanthes ihre beiden Pollinien auf den Nakken. Wir maßen die Zeit von dem Augenblick, in dem der Kopf der Prachtbiene am Ausgang erschien, bis zum Abflug. Die Blüte hielt das Tier genau zehn Minuten fest. Während dieser Spanne härtete vermutlich der Kleber, mit dem die Pollinien für die Dauer der kommenden Luftfahrt auf der Stelle haften mußten. Und dann, überraschend plötzlich, war die Biene frei. Sie flog mit ihrer Fracht davon. Uns ließ sie

mit der Frage zurück, wie denn die Kraft wirksam werde, die das Tier erst eine Zeitlang in der Zange hält und es dann im rechten Moment freigibt. Sobald im übrigen die Pollenpakete herausgelöst sind, ist der Weg durch die Blüte für immer ohne Hindernisse, das heißt, der Zwangsjackeneffekt ist vorüber.
Unsere schmucke Biene aus der Gattung Euglossa lernt allerdings durch den Vorfall nichts. Der Duft einer anderen Coryanthes wird sie anlocken. Sie wird beim Sammeln des Duftstoffes irgendwann wieder in die Kesselfallenblume rutschen, und wenn sie durch den Tunnel wieder hinaus will, wird ihr ein Haken der Narbe am Tunnelende die Pollinien abnehmen, und die Bestäubung ist vollzogen. Ist eine Blüte in zwei Tagen nicht befruchtet, verwelkt sie.
Sobald unsere Euglossa ihr Parfümtäschchen gefüllt hat, wird sie zur Hochzeit fliegen. Das ist ein geheimer Platz, den noch nie ein Mensch gesehen hat. Es heißt, sie werde sich mit vielen männlichen Artgenossen dort versammeln, die alle miteinander einen solchen starken Duft verströmen, daß die weiblichen Bienen von weit her angeflogen kämen, um sich mit den Männchen zu paaren. Nur wenn die Männchen genügend Parfüm gesammelt hätten, so daß der Duft auf dem Hochzeitsplatz stark und betörend genug sei, ließen sich die Weibchen auch den Kopf verdrehen.
Prachtbienen gibt es unter anderem noch in so schicken Farben wie Blaumetallic, Altrosa und Goldmetallic. Insgesamt kennt man fünf Gattungen mit 180 Arten, die alle nur in Südamerika vorkommen. Den Hummeln sind sie verwandtschaftlich näher als den Bienen. Ihren Namen Euglossa – »die mit der wahren Zunge« – verdanken sie übrigens ihrem unglaublich langen Saugrüssel. Wenn sie dieses Instrument beim Fliegen an der Unterseite ihres Körpers anlegen, ragt es bei einigen Arten noch über den Hinterleib hinaus.
Wir haben nicht nur die Euglossa-Bienen an den Coryanthes-Blüten erlebt. Wo die verlockenden, wohlriechenden Düfte der Orchideen vom Urwaldwind verweht werden, findet sich auch eine andere Art aus der Gruppe der Prachtbienen als Besucher ein, die Eulaema. Brummend wie eine große Hummel schwebt diese tropische Biene auf Parfümsuche vor den Blüten der Gongora-Orchidee.

*B*ei Gongora spricht der Orchideenfachmann von einer Durchfallblüte, weil bei bestimmten Arten das bestäubende Insekt im oberen Blütenteil Duftstoff sammelt und danach »durch die Blüte fällt«, wenn es an der glitschigen Oberfläche den Halt verliert. Am unteren Ende einer gebogenen Rutschbahn werden ihm zwangsläufig mit einer Klebescheibe die Pollenpakete auf den Körper gesetzt. Bei Wiederholung der Rutschpartie auf einer zweiten Blüte bestäubt es damit die spitze, nach oben vorspringende Narbe.

Wenn sie an die Quelle der Duftstoffe auf der Blütenlippe gelangt ist, hat sie sich vollkommen in die vorgegebene Form der Blüte eingepaßt – wie ein Teil eines Puzzlespiels in den anderen. Wir haben auch Exemplare der Euplusia-Biene beim »Dufthöseln« beobachtet. Alle drei – Euglossa, Eulaema und Euplusia – kommen am häufigsten vor und stellen 75 Prozent aller Prachtbienen. Was sie gemeinsam haben, sind die Duftbehälter an den Hinterbeinen. Diese sind im Innern mit einem feinen Haargefieder ausgefüttert, das zunächst den Duftstoff aufnimmt und über einen Kanal in den Behälter leitet, der so perfekt konstruiert ist, daß er Duftstoffe jahrelang konservieren kann. Auch dieser Behälter hat feine Härchen und Furchen auf den Wänden, die eine regelrechte Schwammwirkung haben.

Mit etwa 60 Kubikmillimeter können die beiden Parfümtäschchen eine ziemlich große Menge Duftstoffe aufnehmen. Nachdem die Insekten von der Coryanthes, aber auch von anderen Orchideen wie Stanhopeinae und Gongora die Duftstoffe abgebürstet und in den Parfümtäschchen untergebracht haben, werden vermutlich Öle zugesetzt. Es gibt Drüsen, die darauf schließen lassen. Die Aromastoffe werden nach der Umwandlung zu Pheromonen, die bei den Werberitualen wichtig sind.

Bei den Prachtbienen geht es um einen ehrlichen Handel. Sie helfen den Orchideen bei der Befruchtung und werden mit Duftstoffen belohnt. Wir werden aber bei uns in Europa noch Orchideen kennenlernen, die Sexualduftstoffe produzieren und damit die Besucher aus der Insektenwelt anlocken. Für die eigene Befruchtung bedienen sie sich der Beweglichkeit der Insekten, bieten ihnen als Gegenleistung für ihre Dienste aber nichts als Illusionen.

Sie haben sich, so erkannten die Botaniker scharfsinnig, in das Verhaltensmuster des Bestäubers »eingeschlichen«. Das Aufregende daran ist der Gang der Entwicklungsgeschichte: Die Insekten waren zuerst da, und es waren, wie Hannes F. Paulus schreibt, »allein die Blüten, die eine Evolution durchmachten und deren Merkmale sich immer perfekter in die bereits vorgegebenen Verhaltensmuster der jeweiligen Bestäuber einpaßten«[1].

*E*ulaema, eine hummelähnliche Prachtbiene von der Größe einer Hornisse, hängt unter der horizontalen Lippe der Gongorablüte, sammelt mit ihren Vorderbeinen Duftstoff, während ihre am Rücken mitgeführten gelben Pollinien im nächsten Augenblick die weiße Narbe berühren und so die Bestäubung vollziehen können. Die »Durchfallblüte« wirkt hier als Pollengreifer, maßgeschneidert an der Körperform und -größe des Bestäubers. Wenn die hochentwickelte Orchidee ihren Helfer derart paßgenau »in die Finger nimmt«, wird ihre merkwürdige Anatomie erst eigentlich verständlich. Doch die evolutionstheoretische Grundfrage nach der Entstehung dieser augenfälligen Abhängigkeit zweier höchst verschiedener Lebensformen bleibt offen.

3 Immer neuen Geheimnissen auf der Spur

Unsere Expedition in das versteckte Reich der Coryanthes-Orchidee hatte uns einen Einblick in die komplizierten Beziehungen einer der vielen Orchideenarten zu ihren schönen Helfern unter den Insekten gebracht. Die Entdeckungen, die wir dabei machen und dokumentieren konnten, waren aber so aufregend, daß wir uns nun leicht in die Lage der Forscher versetzen konnten, die in den letzten 150 Jahren immer neuen Geheimnissen im Leben dieser Pflanzen auf die Spur gekommen waren.

Bei der Besiedlung der nackten Erde mit Pflanzen und Tieren entwickelten sich die Orchideen als letzte, als jüngste Pflanzenfamilie. Solange es keine Tiere auf der Welt gab, waren die Pflanzen, die Sporenpflanzen ebenso wie die ersten Blütenpflanzen, auf Wasser und Wind als Transportmittel für ihre Sporen und ihren Blütenstaub angewiesen. Mit dem Erscheinen der flugfähigen Tiere vor 300 Millionen Jahren kam der »technische Fortschritt«. Auffällige Farben und süßer Nektar lockten nun die Insekten an und nahmen sie für die Bestäubung in den Dienst. Bei den entwicklungsgeschichtlich jüngsten Pflanzen, den Orchideen, ist diese Form der Anpassung an bestimmte Verhaltensweisen der Tiere besonders ausgeprägt. Sie brauchen diese Helfer, die ihrerseits in den meisten Fällen ohne die Orchideen nicht mehr existieren können. Beide sind aufeinander »spezialisiert«.

Die Pflanzenpracht der Orchideen aber ist nicht nur auf bestimmte Tiere als Bestäuber angewiesen. Genauso wichtig für ihren Fortbestand sind Pilze, mit denen die Orchideen eine Lebensgemeinschaft, eine Symbiose, bilden. Wo ihr flugfähiger Samen landet, muß auch ein Pilz sein, denn Orchideensamen sind so winzig, daß sie kein eigenes Nährgewebe besitzen. Der Pilz bietet dem Samen Nährstoffe an, oder er schließt sie ihm auf. Bis Mitte des 19. Jahrhunderts waren diese Vorgänge unbekannt.

Voraussetzung für das Keimen eines Orchideensamens ist das Vorhandensein eines Pilzes im Boden. Der schon bei der Keimung der Samen vorhandene Pilz bleibt oft auch bei der voll entwickelten Pflanze erhalten und lebt mit ihr in Symbiose. Im Fall der blattgrünlosen Orchideen ist ohne dieses Zusammenspiel ein Leben nicht möglich.

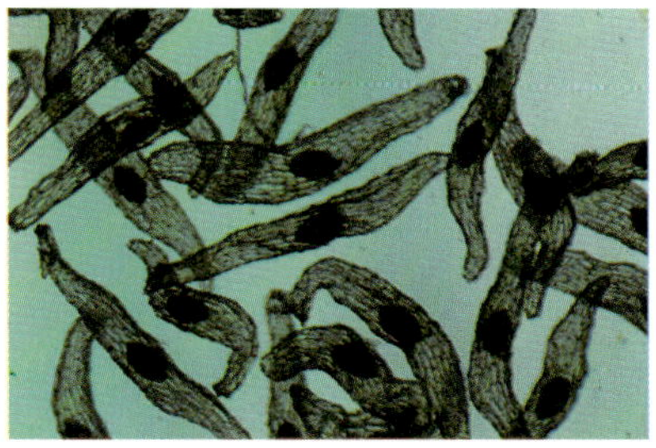

*D*ie staubfeinen, winzigen Orchideensamen sind hier durch das Mikroskop stark vergrößert. Schon ein leichter Windhauch genügt, um diese im gesamten Pflanzenbereich kleinsten Samen weithin zu tragen. 100 000 dieser Winzlinge wiegen gerade ein Gramm.

Das erste Orchideen-Maultier

Kein Botaniker, sondern ein Chirurg mit botanischen Kenntnissen analysierte damals zum ersten Mal die Anatomie von Orchideen. Seine Beschreibung der Funktionen von Narbenhöhle und Anthere veranlaßte dann 1856 John Dominy, der Obergärtner bei Messrs. Veitch in England war, zur Kreuzung zweier Arten der Gattung Calanthe. Er übertrug die Pollinien der Calanthe masuca erfolgreich auf die Narbe der Calanthe furcata. Die aus dieser Kunsthochzeit entstehende Hybride, Calanthe Dominy, nannte er treffend und ironisch »das erste Orchideen-Maultier«.

Auch Darwin nahm sich mit gewohnter Gründlichkeit der Orchideenbiologie an. 1862 erschien sein vieldiskutiertes Werk »On the various Contrivances by which Orchids are fertilized by Insects«. Den Durchbruch im Wissen über das Leben der Orchideen aber brachte erst das Jahr 1904, als der französische Botaniker Noël Bernard unter dem Mikroskop den winzigen Pilz entdeckte, der in den staubfeinen Samen der Orchideen eindringt und ihm das Keimen ermöglicht. Auf welche Weise der Pilz das besorgt, durchschaute dann 18 Jahre später der Amerikaner Lewis Knudson. Der Pilz, stellte er fest, dringt meist nach der Keimung in die Samenzelle ein und erlaubt deren Weiterentwicklung, indem er dieser Nährstoffe zuführt.

Der Botaniker Knudson begnügte sich nicht mit dieser Beobachtung, sondern experimentierte. Er mischte bestimmte Nährstoffe, setzte reinen Zucker hinzu und streute Orchideensamen, den er steril gehalten hatte, auf die Lösung. Nach vielen Versuchen hatte Knudson schließlich die brauchbare chemische Substanz als Ersatz für Sphagnum und Osmunda gefunden. Ein sterilisiertes Medium, meist Agar-Gelee, wurde außer mit Strandhafer mit organischen und nichtorganischen Nährstoffen angereichert. Diesen Nährboden füllte er in sterile Fläschchen und streute Orchideensamen darauf. Die Samen keimten, und bald wuchsen auch die ersten Pflänzchen.

Das Resultat, die asymbiontische Zuchtmethode, beglückte nicht nur Knudson, sondern bald auch die ganze Welt der Orchideenfreunde. Nun konnte man Orchideensamen auf pilzfreien, also asymbiontischen, Nährböden zum Keimen bringen und sie mit entsprechenden »Zutaten« weiterentwickeln. Vor allem die großblütigen Blumen wie Cymbidien und Phalaoenopsen nahmen die Nährmischungen dankbar an. In großen Gewächshäusern entstanden nun regelrechte Schnittblumenplantagen, in denen in regelmäßigen Abständen über Rohrleitungen Nährlösungen auf die Pflanzen gesprüht wurden.

Die blattgrünlose Vogelnestwurz (Neottia nidus-avis) entwickelt sich auch im dunklen Wald. Sie kann ohne Sonnenlicht auskommen, denn sie bezieht ihre Nahrung von dem mit ihr verbundenen Pilz. Oft stehen die vorjährigen vertrockneten Fruchtstände neben den frisch aus dem Boden sprießenden jungen Pflanzen.

Das linke Bild zeigt die gerade aufgeplatzte Samenkapsel einer Sumpfwurz, die noch prall mit Samen gefüllt ist.

Rechts wird durch einen kräftigen Windstoß eine ganze Wolke Samen der Vogelnestwurz aus den trockenen Fruchtständen geblasen.

*D*as tropische und subtropische Südamerika ist die Heimat der etwa zwanzig Arten umfassenden Gattung Miltonia.

Hybriden – eine Hybris

Das war aber erst der Anfang einer gewaltigen Entwicklung. Ein weiterer Fortschritt ist mit dem Namen Georges Morel verbunden. Morel sollte im Rahmen eines Forschungsprojekts der französischen Regierung eine virusfreie Kartoffel entwickeln und entdeckte dabei, daß die Wachstumszellen an der Spitze eines Kartoffelschößlings virusfrei waren. Indem er von dieser Spitze Wachstumsgewebe entnahm, züchtete er alsbald, was er sollte: eine virusfreie Kartoffel. Nebenher gelang es ihm aber auch, mit dem Gewebe von Schößlingsspitzen der Gattung Cymbidium einige Orchideen zu züchten. Diesen neuen Weg nannte man die Meristem-Kultur.

Das Wort aus dem Griechischen bedeutet teilbar und bezeichnet die Tatsache, daß Wachstum durch Zellteilung geschieht. Man muß also die etwa einen Millimeter große Wachstumsspitze aus einem Sproß ablösen und in eine Flasche mit flüssiger Nährlösung praktizieren. Die Flasche wird auf einen Vibrator gestellt und das Meristem durch die ständige Bewegung zum Wachstum angeregt. Nach drei bis vier Wochen zeigt sich das erste Ergebnis. Weitere vier Wochen später haben wir Gewebeklumpen, die in zwanzig oder mehr Stücke zerschnitten werden. Diese kommen wieder in neue Fläschchen und wachsen binnen eines Monats noch einmal um ein Viertel. Sie können also wieder geschnitten werden und folgen demselben Wachstumsmuster, bis man sie in Ruhe läßt. Dann entstehen aus den kleinen Gewebeklumpen endlich neue Pflänzchen.

Morel machte seine Entdeckung im Jahre 1956. Danach nahmen sich professionelle Züchter seiner Methode an. Der erste und erfolgreichste Züchter großen Stils war der Franzose Maurice Lecoufle. Er wirkte zusammen mit Michel Vacherot bahnbrechend daran mit, daß sehr seltene Hybriden beliebig vermehrt werden konnten und bald für jedermann erschwinglich waren. Ach, wäre das Stichwort Hybriden doch nicht gefallen! Es eröffnet nämlich ein beinahe unüberschaubares Feld. Entwickelte die Natur in Jahrmillionen vielleicht 25 000 Orchideenarten, so benötigte der Mensch nur etwa 130 Jahre, um rund dieselbe Anzahl Hybriden zu züchten, verzeichnet in »Sander's complete List of Hybrids«. Eine Hybris!

John Lindley, Englands großer Orchideenforscher, sah damals das Dilemma voraus: »Sie werden die Botaniker verrückt machen!« prophezeite er John Dominy, als dieser 1856 mit seinem »Orchideen-Maultier« den Anfang machte. Solche Kreuzungen, also der Transfer der Pollinien einer Orchidee auf eine andere durch Menschenhand, dienten vor allem dem Ziel, attraktivere, größere Blüten, stattlichere Pflanzen und reizvollere Farben zu erreichen. Jede neue Hybride wurde von der Royal Horticultural Society of England registriert, der neue Name, zum Beispiel Calanthe Dominy, in der Zeitschrift »Orchid Review« veröffentlicht und später dann in »Sander's List« aufgenommen.

Die auffälligen, großblütigen Arten haben sich Züchtern geradezu angeboten, damit Kreuzungen vorzunehmen. Selbst Gattungsbastarde wurden vielfach mit Miltonia erzogen.

*D*ie Vanille (Vanilla planifolia) ist die einzige Orchidee, die zu Speisezwecken Verwendung findet.
Die Vanille stammt ursprünglich aus Mexiko, wird jetzt aber überall in den Tropen angebaut. Da meist keine natürlichen Bestäuber vorkommen, müssen die Blüten künstlich bestäubt werden.

Am Anfang hatte niemand an die von Lindley vorausgesagte Hybriden-Flut geglaubt. Doch auf dem Humus der Erkenntnisse von Dominy, Morel und Lecoufle blühte das Geschäft mit den Hybriden. Aus der Sicht der Züchter ist es die einfachste Sache der Welt geworden. Heute produzieren Orchideengärtnereien vor allem Hybriden für den Schnittblumenmarkt, und mehr als 200 000 Pflanzen unter Glas sind bei den großen Unternehmen keine Seltenheit.
Der Mensch sprengte also den engen Rahmen, den die Natur der Vermehrung der Orchideen gesetzt hatte. Im großen Stil tat er das auch bei der einzigen Orchidee, die in Speisen zu verwenden war, der Vanille. 1807 wurde sie erstmals erfolgreich kultiviert und dann von Engländern, Franzosen und Deutschen in den Kolonien gezüchtet.

In den großen Plantagen auf Madagaskar und in afrikanischen, aber auch südamerikanischen Ländern, wo man Vanille anbaute und die Insekten aus der mexikanischen Heimat der Pflanze zu deren Befruchtung fehlten, mußte man die Vanille-Orchideen während des einzigen Tages, an dem sie blühten, mit sich selbst verheiraten, um die Früchte später in Mengen ernten zu können. Während in der freien Natur nur fünf oder zehn von 2500 Pflanzen befruchtet wurden, wanderten auf den Plantagen geübte Landarbeiter von Pflanze zu Pflanze: Sie hoben die kleine Zunge an dem Säulchen der Blüte mit einem Stab und drückten Anthere und Narbenstempel aufeinander. Madagaskar ist heute der größte Lieferant von Vanille. Wir verdanken ihren Genuß – wie den Kakao – den Azteken, die aus Vanille Tlilcochetl, eine Lotion für die Gesundheitspflege, herstellten.

Mit Ausnahme der Vanille werden Orchideen ihrer Schönheit wegen gezüchtet. In den Vereinigten Staaten zählte die American Orchid Society bald nach dem Zweiten Weltkrieg 11 000 Mitglieder. Über 100 000 Menschen beschäftigen sich mit der Orchideenzucht. Die Deutsche Orchideengesellschaft hat mehr als 6000 Mitglieder. Viele Freizeitzüchter üben ihr Hobby im großzügigen Rahmen eines klimatisierten Gewächshauses aus. Andere begnügen sich mit dem Fensterbrett, mit Miniaturglashäusern oder Blumentöpfen.

*E*twa zwölf Stunden vergehen, bis sich die Lippe einer Vogelnestwurz voll entfaltet hat.

*R*echts ein Frauenschuh (Paphiopedilum Hybr.). Durch Zucht und Kreuzungsmethoden ist in den letzten Jahrzehnten eine fast unübersehbare Fülle an Hybriden entstanden. Moderne, manchmal fast industrielle Anbaumethoden haben Orchideen heute für jedermann erschwinglich werden lassen.

Der Orchideenmarkt ist ein Millionengeschäft geworden. Auf dem amerikanischen Blumenmarkt werden allein von den Cattleya-Orchideen jährlich 200 Millionen Exemplare verkauft. Die professionellen Züchter versorgen den Blumenhandel eigentlich nur mit großblütigen Orchideen, vor allem mit Hybriden.
Wer seine Liebste damit schmücken will, kann sie schon für einen geringen Betrag beeindrucken. Den Hauch des Exklusiven aber besitzt dieses vergängliche Geschenk noch immer.

Ein neuer Coup in Kew Gardens

Während bei all diesem Züchter- und Wissenschaftlerfleiß selten oder nie etwas für die vielen, in der freien Natur gefährdeten Arten heraussprang, brachten die achtziger Jahre eine Entwicklung, die vor allem den besonders bedrängten europäischen Orchideen nützen könnte. Dieser jüngste Fortschritt in der Zucht von Orchideen aus ihren Samenwinzlingen wurde mir 1986 anläßlich eines Besuchs in Kew Gardens bei London gezeigt.
Kew hat vielleicht seit seiner Gründung im Jahre 1759 mehr als andere botanische Gärten in der Welt Natur-Geschichte gemacht. Selbst bei Laien wurde der Garten zum Begriff, nachdem dort die 1876 von Wickham illegal aus Brasilien ausgeführten Kautschuksamen erfolgreich entwickelt worden waren und man die ersten Pflanzen für die britischen Plantagen auf Ceylon gewonnen hatte. Mit diesem anrüchigen Coup wurde das brasilianische Monopol im Handel mit Naturgummi gebrochen. Jetzt ist also von einem neuen Coup zu berichten, der Kew Gardens Ehre macht.
Wie wir wissen, gibt es inzwischen viele tropische Orchideen, die auf pilzfreien, also asymbiontischen Nährböden keimen und sich dann durch entsprechende Nährstoffbeigaben weiterentwickeln. Gerade unter den gefährdeten europäischen Orchideen gibt es jedoch eine Anzahl von Arten, die nur schwer oder gar nicht auf solchen Nährböden gedeihen. Man mußte also nach geeigneten Pilzpartnern Ausschau halten. Diese Pilzstämme aus Wurzeln und Rhizomen zu isolieren war eine wissenschaftliche Aufgabe, der sich Harriet Muir in Kew Gardens erfolgreich widmete.

*I*n drei der ausgestreuten Orchideensamen ist der Pilz eingewachsen und hat ihnen das Auskeimen ermöglicht. Mit dem bloßen Auge sind diese erst ca. 2 mm kleinen grünen Orchideenkeimlinge noch kaum zu erkennen. Es ist die erste Lebensphase einer neuen Orchideenpflanze.

*R*echts: eine Gruppe der Großen Händelwurz (Gymnadenia conopsea). Die stark duftende Orchidee lockt damit Schmetterlinge an, die beim Necktartrinken Pollinien aufgeklebt bekommen und so für die Bestäubung sorgen.
(Siehe auch Seite 74/75)

Dazu war außer den geeigneten Pilzen eine sehr reichhaltige Nährlösung notwendig, die von der Forscherin zusammen mit dem Australier Mark Clements entwickelt worden war. Ziel ihrer Arbeit war es, einheimische Orchideen in solcher Zahl zu produzieren, daß sie an geeigneten Stellen in England wieder ausgewildert werden konnten.

In einem fensterlosen, steril gehaltenen Raum, in dem das Tageslicht mit entsprechenden Lampen simuliert wurde, experimentierte die Botanikerin schließlich erfolgreich mit den Samen von verschiedenen Orchideen, die in Großbritannien gefährdet oder nahezu ausgestorben waren.

Gediehen die Samen mit Hilfe der Pilze auf den neuen Nährstofflösungen und entwickelten sie Wurzeln, wurden sie aus den Fläschchen entnommen und in größeren Behältern untergebracht. Es konnte bis zu einem Jahr dauern, bis sie Knollen produzierten. Die schwierigste Stufe war die letzte: Die Pflanzen mußten aus der künstlichen Nährstofflösung in die Erde übertragen werden.
Inzwischen wurden viele Orchideen, darunter Sumpfwurzarten, Spinnenragwurz und Frauenschuh, in der englischen Landschaft wieder ausgewildert. Einheimische Naturschutzorganisationen und der World Wildlife Fund leisteten ihren Beitrag dazu. Ob das Unternehmen auf die Dauer erfolgreich sein wird, muß freilich die Zukunft zeigen. Denn zum Überleben der Orchideen gehören auch die unentbehrlichen Bestäubungshelfer.

Was in England versucht wird, ist auch das Anliegen deutscher Naturschützer. Bei uns sind vor allem in den letzten dreißig Jahren viele Standorte von Orchideen vernichtet worden. Zu diesen gehören besonders die einmähdigen Trockenrasen mit ihrer Blumenvielfalt. Wie häufig dieser Wiesentyp früher war, zeigt die Aufgliederung des Grünlandes einer Gemeinde am Fuß der Schwäbischen Alb im Jahre 1824:

Damals waren 1087 Morgen einmähdig und nur 341 Morgen zweimähdig. Mangel an Dünger war der Hauptgrund für diese Bewirtschaftungsform. Der zur Verfügung stehende Stallmist wurde für den Ackerbau benötigt. War etwas Dünger übrig, wurde er auf dem siedlungsnahen Grünland ausgebracht. Von den weiter abliegenden Grundstücken wurde geerntet, was die Natur erlaubte, und das war meist nur eine Mahd. Mangel an Dünger oder gar Beförderungsschwierigkeiten gibt es heute nicht mehr. Im Gegenteil, durch Kunstdüngereinsatz und Massenviehhaltung werden die Wiesen eher überdüngt, und bunte Blumen, darunter die empfindlichen Orchideen, verschwinden.

Auch durch das Trockenlegen von Mooren und Sumpfwiesen wurden die auf nasse Standorte angewiesenen Orchideen stark zurückgedrängt, und seit dem großen Waldsterben sind selbst die in den Forsten wachsenden Arten, die bis vor wenigen Jahren als gesichert galten, in ihrem Bestand gefährdet. Ob da die Zucht nach dem Muster von Kew Gardens wirklich noch helfen kann?

*D*as Rote Waldvögelein (Cephalanthera rubra) ist eine Waldorchidee. Es bevorzugt Waldränder oder lichte, lockere Wälder auf kalkhaltigen Böden. Wird der Wald zu dicht, kann es viele Jahre im Wurzelbereich weiterleben. Bei günstigen Lebensbedingungen, z. B. in einem Holzeinschlag, kann es dann kurzfristig wieder zur vollen Blüte gelangen.

4 Die abenteuerliche Blütenbiologie

Von Charles Darwin stammt die kühne Rechnung, nach der die gesamte Landmasse auf Erden binnen dreier Generationen vom Nachwuchs einer bestimmten europäischen Orchidee bedeckt wäre, wenn alle Samen einer einzigen Pflanze sich entwickeln könnten. Dabei hatte diese Orchidee »nur« insgesamt 186 000 Samen in ihren 30 Kapseln. Der Forscher wunderte sich darüber, daß die Natur sich nicht anschickte, seine Theorie in der Praxis zu beweisen, und so meinte er: »Was die unbegrenzte Multiplizierung der Orchidee in der Welt verhindert, wissen wir nicht.«

Darwin hätte noch eindrucksvollere Belege für seine Berechnungen anhand einiger tropischer Orchideen finden können, die bis zu acht Millionen Samen je Pflanze produzieren. Mehr als hunderttausend solcher Samen sind zusammen nicht einmal ein Gramm schwer. Also, warum bedecken die Orchideen nicht die ganze Erde und machen sich so rar? Eine Antwort auf diese Frage lieferte uns Calaway Dodson, der feststellte, daß von tausend Orchideen der Gattung Oncidium in einem bestimmten Waldstück nur fünf Exemplare Samenkapseln produzierten, obwohl sie alle zusammen gewiß mehr als hunderttausend Blüten zur Bestäubung angeboten hatten. Daß sich die Orchideen in der freien Natur mit ihrer Vermehrung so schwertun, hängt unter anderem mit ihrer abenteuerlichen Blütenbiologie zusammen. Die Beobachtung der erstaunlichen Beziehungen zwischen der Coryanthes-Orchidee und der hübschen Prachtbiene hat uns ja bereits eine Vorstellung davon vermittelt.

Erinnern wir uns noch einmal an das Hochzeitsinstrumentarium der Orchideen: Sechs Blütenblätter, darunter die charakteristische Lippe, umschließen schützend die im Zentrum der Blüte stehenden Befruchtungsorgane und geben diese erst nach dem Aufblühen frei. Der Blütenstaub ist bei den Orchideen nicht lose, sondern in Pollenpaketen, den sogenannten Pollinien, zusammengebacken, die zumeist auf einem Stielchen sitzen und unten mit einer Klebescheibe versehen sind. Die Pollinien sind fein säuberlich getrennt von der Narbenhöhle, so daß eine Selbstbestäubung normalerweise verhindert wird. Was die Natur nun mit dieser in Form, Gestalt und anderen Eigenschaften vielfach variierten Grundausstattung alles möglich macht, um den Orchideen zu ihrer Hochzeit zu verhelfen, ist nicht nur bei den tropischen Arten interessant, sondern auch bei den europäischen.

Weithin sichtbar leuchten die karminroten Blütenstände der Pyramidenorchis aus der Magerwiese. Die angeflogenen Esparsetten-Widderchen sorgen für die Bestäubung.

Links: Das Blasse Knabenkraut (Orchis pallens) ist mit die erste unserer heimischen Orchideen, die im zeitigen Frühjahr ihre nach Holunder duftenden Blüten entfalten. Die häufig im Wald stehenden Pflanzen nützen das zu dieser Zeit noch einfallende Sonnenlicht für das frühe Wachstum.

*N*ur ein haardünner Schmetterlingsrüssel kann durch die kleine Öffnung zum Nektar im Blütensporn der Pyramidenorchis (Anacamptis pyramidalis) vordringen. Dabei werden die beiden gestielten Pollinien, die mit einer hufeisenförmigen Klebescheibe verwachsen sind, dem Falter auf den Rüssel geklebt. Nach dem Aufkleben schließt sich diese Klebescheibe zu einem Ring um den Rüssel. Das bunte Esparsetten-Widderchen war mit Abstand der häufigste Besucher. Fast immer waren einige der Pollinien am Rüssel festgeklebt. Beim Einführen des Rüssels in die nächste Blüte bleiben dann Teile an der Narbe haften und bestäuben so die Blüte.

Von den vielleicht 25 000 bisher bekannten Orchideenarten auf der Welt finden wir in der Bundesrepublik kaum mehr als fünfzig. Die meisten dieser europäischen Arten sind kleinblütig und auf den ersten Blick vielleicht unscheinbar. Aber sie sind auch ein Beweis dafür, wieviel faszinierendes Leben bei uns noch im Verborgenen blüht. Dieses Leben mit der Kamera freizulegen war eine der Aufgaben, die wir uns gestellt hatten. Das dauerte Jahre und war auch mit einer Spezialausstattung nur zu leisten, weil Karlheinz Baumann Orchideenwiesen noch vor der eigenen Haustür hat.
Wer im Sommer eine Filmexkursion in die wenigen noch ökologisch intakten Wiesen Baden-Württembergs macht, dem fallen beim gezielten Beobachten immer wieder Bienen, Wespen, Fliegen, Schmetterlinge und Käfer auf, die mit gelben oder grünlichen Pollenpaketen gehörnt sind.

Durch das Spezialobjektiv der Kamera betrachtet, wirkt diese Last sogar beschwerlich. Daß diese Insekten die Pollinien von Orchideen spazierenflogen, war uns klar. Nur hatten wir in all den Jahren weder in einem Film noch in einem der vielen Orchideenbücher Szenen oder Bilder entdecken können, die uns gezeigt hätten, wie die Orchideen ihre Besucher, sagen wir, überzeugen, solche Lasten auf sich zu nehmen, oder welche Insekten es mit welchen Orchideen treiben und welche Kräfte und Säfte dabei wirksam werden.

Wir wollen nicht von den Mühseligkeiten unserer Kameraarbeit reden, von dem kreuz- und knieerweichenden Auf-der-Lauer-Liegen in den Wiesen. Daß zur Ausrüstung neben der Filmkamera eine Anzahl von Spezialobjektiven, ein Tonbandgerät und das unverzichtbare Stativ gehören, ist selbstverständlich. Daß oft die besten Szenen kamen, wenn gerade ein neuer Film eingelegt werden mußte, gehört zu den üblichen, wenn auch nervenaufreibenden Erfahrungen bei der Naturfilmerei.

Hier sei nur soviel gesagt: Niemals wurden die Insekten etwa mit der Kamera über die Wiese »gehetzt«. Wir mußten den Standort der interessanten Orchideen ausfindig machen und uns dort auf die Dreharbeiten einrichten. Genaue Orts- und Naturkenntnisse waren die Voraussetzung. Wir erfüllten die Bedingungen, die uns die Orchideen stellten, und wurden reich mit Beobachtungen, Bildern und Erkenntnissen belohnt.

Wie in den Tropen locken manche Orchideen auch bei uns Insekten entweder durch Duftstoffe, Nektar, auffällige Farben oder eine Gestalt an, die den Sexualpartner vortäuscht. Die Beziehungen zwischen Pflanzen und Tieren reichen dabei von gegenseitigen Dienstleistungen bis zur völligen Abhängigkeit voneinander. In einigen Fällen kommt es allerdings zu keinem ehrlichen Handel – hier Nektar, dort Transport der Pollinien –, sondern einer der Partner wird im wahren Sinn des Wortes »geleimt«.

*A*uf der noch geschlossenen Spitze der Blütenrispe des Gefleckten Knabenkrauts ruht hier eine Fliege. Erst bei genauem Hinsehen erkennt man, daß am Kopf des Insekts zwei grünlichgelbe Punkte leuchten. Es sind die beiden nach vorne geneigten Pollinien einer Orchideenblüte. Sie wurden der Fliege beim Blütenbesuch auf die Augen geklebt.

Von den über vierzig verschiedenen Ragwurz-Orchideen, die im Mittelmeergebiet beheimatet sind, wachsen einige auf einem räumlich begrenzten Gebiet. Die vier hier abgebildeten gehören zu den weit verbreiteten und kommen oft in großen Beständen vor.

Es sind dies, von links beginnend, die Gelbe Ragwurz (Ophrys lutea) mit dem braunen Mal auf der gelben Lippe, die Spinnen-Ragwurz (Ophrys sphegodes) mit dem H-ähnlichen Zeichen auf der dunklen Lippe.
Rote Blütenblätter umrahmen die Blütenlippe der Wespen-Ragwurz (Ophrys tenthredinifera); ganz rechts ist die Braune Ragwurz (Ophrys fusca) abgebildet.

Die Ragwurz-Orchideen werden als »Sexualtäuschblumen« bezeichnet, denn die Blüte sieht einem Insektenweibchen so täuschend ähnlich, daß die Männchen angelockt werden. Sie befliegen die Blüten und machen darauf Kopulationsbewegungen. Dabei werden ihnen die gestielten Pollinien aufgeklebt. Bei den folgenden Blütenbesuchen werden dann die nächsten Blüten mit den anhaftenden Pollenpaketen bestäubt.

Die von Langhornbienen (Eucera) besuchten Wespen- und Spinnen-Ragwurz erhalten die Pollinien auf den Kopf geklebt. Sandbienen (Andrena), die die Bestäubung der Gelben und der Braunen Ragwurz besorgen, wird das Pollenpaket auf den Hinterleib, das Abdomen, geklebt. Vermutlich ist es die gegenläufige Lippenbehaarung, die die Bienen veranlaßt, rückwärts in die Blüte zu gehen.

Die Artenvielfalt mit ihren unzähligen Spielformen und Kreuzungen macht das Bestimmen der Ragwurzarten im Mittelmeerraum oftmals unmöglich. Die Spiegelragwurz (Ophrys vernixia) ist da eine rühmliche Ausnahme. Sie variiert sehr wenig und ist meist leicht zu erkennen. Die Blüte dieser Orchidee täuscht ein Dolchwespenweibchen (Campsoscolia ciliata) vor. Verströmte Duftstoffe locken die Wespenmännchen aus großer Distanz. In Sichtweite wirkt dann die optische Erscheinungsform der Blüte, und beim Aufsitzen auf der Blüte lenkt die Randbehaarung der Lippe das Insekt in die richtige Position.

Wenn nun Pflanze und Tier so harmonisch zusammenarbeiten, daß der Orchidee bei der Fortpflanzung geholfen wird und dem Insekt mit Duftstoffen für seine eigene Hochzeit oder mit Nahrung, haben sich beide Partner in einem langen Entwicklungsprozeß einander angepaßt. Koevolution oder Koadaptation nennen die Botaniker diese Form der »Koproduktion«. Wenn Insekten den Pollen mit auf die Reise nehmen, spricht man von der »geborgten Beweglichkeit«. Das schäbige Spiel zum Nachteil der armen Insekten hat solchen Orchideen, die Nahrungsgewinn nur vorgeben, den entlarvenden Namen Täuschblumen eingebracht, im verschärften Fall aber, wo die Gestalt der Blüte oder/und bestimmte Duftstoffe ein begattungsfähiges Weibchen signalisieren, den Namen Sexualtäuschblumen.

Da gibt es in unseren Breitengraden zum Beispiel die verschiedenen Ragwurz-Orchideen. Ihre deutschen Namen Fliegenragwurz, Spinnenragwurz, Hummelragwurz oder Bienenragwurz besagen bereits: Da sind Insekten mit im Spiel. Dem Orchideenkenner erzählen wir zunächst nichts Neues, wenn wir feststellen, daß die Blüten dieser Ophrys-Arten bestimmten Hautflüglern ähnlich sehen.

Die drei äußeren Blütenblätter bilden sozusagen den etwas blassen Rahmen für eine mächtige Lippe, die dem behaarten Hinterteil einer bestimmten Wespe oder dem kräftig gezeichneten Leib einer Langhornbiene ähnlich sehen. Auf langen Stengeln sieht man solche Blüten, die einen erregenden Duft verströmen, aufreizend in der Wiese wippen.

Vom Mittelmeerraum bis hinauf in die Grafschaft Kent kann man in den Monaten Februar bis September auf Wiesen mit kalkhaltigen Böden das gleiche Spiel beobachten: Die täuschende Ähnlichkeit mit ihren weiblichen Sexualpartnern lockt bestimmte Insektenmännchen zu bestimmten Ragwurz-Arten. Sie vollführen ihre Ehestandsbewegungen, ohne die Dame eigentlich genauer zu überprüfen, und erhalten währenddessen von den Orchideen die Pollinien aufgeklebt. Die Zahl der Betroffenen ist groß. Die Fliegenragwurz leimt eine Grabwespe (wissenschaftlich Agrogorytes), die Spinnenragwurz eigentlich keine Spinnen, sondern Sandbienen (Andrena), die Hummelragwurz Bienen der Gattungen Eucera und Tetralonia und so fort.

*N*ach dem Anflug orientiert sich das Dolchwespenmännchen auf der Orchideenblüte an der Lippenbehaarung. Dann drückt es meist den Kopf in die Narbengrube und macht mit dem Hinterleib die typischen Kopulationsbewegungen.

Vom Rang der Reize

Es ist noch gar nicht so lange her, da spielte man die Ähnlichkeit bestimmter Ophrys-Arten mit Hautflügler-Weibchen als »Laune der Natur« herunter. Heute weiß man es besser. Das Eingehen der verschiedenen Ophrys-Orchideen auf ihre Bestäuber haben Biologen und Verhaltensforscher in jüngster Zeit genau beobachtet. Sie sprechen von Instinkt-Reaktionsketten der Hautflügler, Reiz-Antwort-Ketten, in die sich die Ophrys-Blüten eingeschaltet hätten, indem sie die notwendigen Schlüsselreize, die die Insektenmännchen zur Begattung verleiten könnten, nachahmten. Dies sind Berührungsreize, optische und chemische Reize.

Vom Rang der Reize möchte man auf den ersten Blick die optischen am höchsten einstufen. Sehen die Blüten all der Ragwurz-Arten nicht wie Fliegen, Bienen, Hummeln, Spinnen aus? Aber das gilt eben nur auf den ersten Blick. Auf den zweiten erkennt man, daß, von Ausnahmen abgesehen, bei den meisten Ophrys-Arten mehr »abstrakte« Reize genügen, um Insekten anzulocken. Jedenfalls reicht manchen Hautflüglern schon ein samtiger Fleck als Einladung, während andere ganz genau wissen wollen, worauf sie sich einlassen. So die Dolchwespen, die sich auf Ophrys vernica (Spiegelragwurz) einlassen. Betrachtet man die Ophrys-Blüte, so entdeckt man folgende Merkmale:

»Die metallisch schimmernden Flügel (Spiegel), die Behaarung des Abdomens (roter Haarsaum am Rande der Lippe), Flügelansatzstellen (schwarz glänzende Leisten an der Lippenbasis) sowie die abwehrenden Mittelbeine des Weibchens (behaarte, abstehende Seitenlappen der Lippe) werden bis ins Detail nachgeahmt. Mit Sicherheit kann man in diesem Fall sogar von der morphologischen Ausbildung der Blüte auf die optischen Schlüsselreize des Insekts schließen.«[1] Daß bei diesen Schlüsselreizen das Abdomen auch die Schlüsselrolle spielt, während der Kopf ruhig ganz fehlen darf, kann man auch unter anderen, höherstehenden Lebewesen beobachten.

Daß die sonderbar ausgeformten Ragwurz-Orchideenblüten Insekten täuschend ähnlich sehen, davon zeugen die altbekannten volkstümlichen Namen wie Fliegen-, Hummel-, Bienen- oder Wespenragwurz. Daß diese Ähnlichkeit aber zum Anlocken von Insektenmännchen dient, die dann in den Dienst der Bestäubung genommen werden, das wurde erstmals an der Spiegelragwurz am Anfang dieses Jahrhunderts beobachtet.

Das glänzende blaue Mal auf der Lippe imitiert die metallisch schimmernden Flügel, die behaarten Seitenlappen die abwehrenden Mittelbeine des Weibchens, und der braunrote Haarsaum am Lippenrand täuscht die Behaarung des Dolchwespenweibchens exakt vor. (S. 58/59)

Auf größere Entfernungen wirken zunächst allerdings die Düfte, die chemischen Schlüsselreize. Und zwar scheinen Orchideen sowohl die richtige Mischung für den Fern- als auch für den Nahbereich zu produzieren, entsprechend den Düften, die bei den Bestäuberweibchen in der Mandibel- und in der Dufourdrüse gebildet werden. Sie werden durch Riechsensillen der Insektenantenne wahrgenommen. Die Forschung hat sich auch dieser Duftstoffe angenommen und festgestellt, daß Erd- und Langhornbienen auf eine Terpen-Verbindung reagieren, die von mehreren Ragwurz-Arten hauptsächlich in der Lippe produziert wird. Es bleibt aber noch zu klären, ob es sich um ein echtes Pheromon handelt oder nur um ein Imitat mit entsprechender Wirkung.

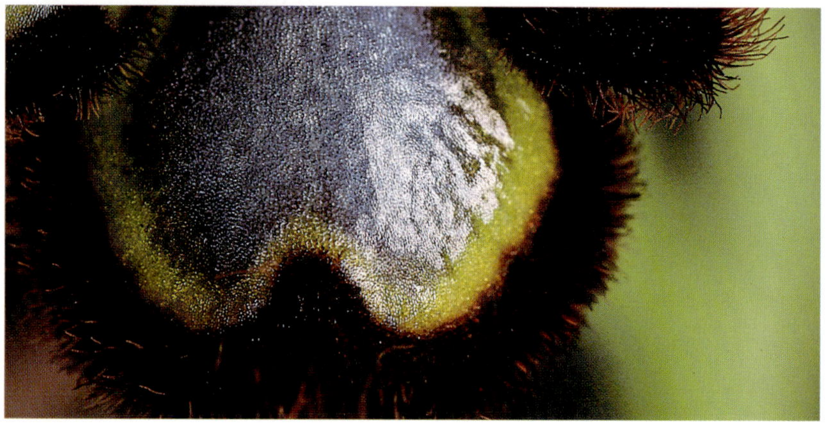

Selten ist die klebrige Narbe der Spiegelragwurz so dicht mit Pollinienbruchstücken besetzt wie auf diesem Bild. Das ist auch nicht unbedingt notwendig, denn schon wenige der Pollinienteilchen genügen für die Produktion einiger tausend Samen. Durch diese Pollenkonzentration reicht ein einziger Insektenbesuch für die Befruchtung einer Blüte aus.

Die Wirkung der Duftstoffe ist offenbar sehr groß, wie ein Experiment von Claudia Gack und Hannes F. Paulus mit Dolchwespen beweist: »Um die Wirksamkeit des Blütenduftes zu testen, steckten wir drei Blüten in ein Glasröhrchen, verschlossen die Öffnung mit Gaze und vergruben es im Boden. Dementsprechend behandelten wir zwei Campsocolia-ciliata-Weibchen. Im Wahlexperiment wurden Röhrchen mit Blüten und solche mit Weibchen, die ja für die fliegenden Männchen nicht sichtbar waren, immer wieder zu gleichen Teilen angeflogen, was zeigt, daß auch der Duft allein eine anziehende Wirkung hat. Eine quantitative Auswertung der Wahlhäufigkeiten unterließen wir, da wir keine Möglichkeit hatten, alle Männchen individuell zu markieren. Zudem wußten wir nicht, ob die Weibchen noch unbegattet waren. Nach unseren Erfahrungen [. . .] läßt die Attraktivität bereits begatteter Weibchen erheblich nach, vermutlich, weil sie nach der Paarung die Produktion ihrer Sexuallockstoffe einstellen; vielleicht werden sie aber auch durch das oder die zur Kopulation gelangten Männchen beduftet.«[2]

Wenn nun die Duftstoffe und der verlockende Anblick der Blüte zum Beispiel eine Wespe zum Ritt auf der Orchidee verführt haben, müssen Tastreize wirksam werden, damit sich die Männchen auf der Blüte richtig orientieren und auf dem Objekt ihrer vermeintlichen Liebe auch mit den Kopulationsbewegungen anfangen können. Botaniker haben da ganz genau zugesehen und festgestellt, daß bei manchen Ophrys-Arten wie der Spiegelragwurz zum Beispiel die Männchen mit dem Kopf zur Narbenhöhle hin aufsitzen und bei anderen, zu denen Ophrys fusca und Ophrys atlantica gehören, dieser den teils behaarten, teils nackten Hinterleib zudrehen und die Pollinien genau auf den nackten Teil geklebt bekommen. Für den richtigen Dreh sorgen die Blüten unter anderem durch ihre Behaarung, die dem Haarstrich bei den Insektenweibchen entsprechen muß.

Die taktilen Reize wirken genausolange, wie die Orchidee benötigt, ihrem Besucher die Pollinien zu verpassen, zu einer Samenabgabe kommen die Männchen nicht. Da fehlt nun, was man bei einer echten Begattung, wissenschaftlich diskret ausgedrückt, das »Einrasten der Genitalstrukturen« nennt. So weit reicht aber die Liebe der Orchideen nicht. Wie weit sie geht, haben die Botaniker Claudia Gack und Hannes F. Paulus vom Biologischen Institut der Albert-Ludwigs-Universität Freiburg in Südspanien beobachtet, wo am Stadtrand von Marbella Spiegelragwurz standen, die wiederum von größtem Interesse für eine benachbarte Brutkolonie der Dolchwespen waren. »Die Männchen – es flogen vom 6. 3. ab zunächst nur Männchen, das erste Weibchen fanden wir am 13. 3. – zeigten ein Schwärmverhalten, wie es auch für Bienen typisch ist. Bis gegen 10.30 oder 11.00 Uhr waren die Männchen auf Nahrungssuche. Dann flogen sie im Beobachtungsgebiet weit umher. [. . .] Dann setzte nahezu schlagartig ein Schwärmverhalten ein, das man eindeutig als Suchverhalten erkennen konnte, keine Blüte wurde mehr beachtet. Die Tiere sammelten sich im wesentlichen im Bereich einer windgeschützten Wiese, über der sie in ca. 10 bis 20 cm Höhe permanent kreuz und quer umherflogen. Ausgesprochen konstant eingehaltene Schwärmbahnen konnten wir nicht erkennen. Die Zahl der dort fliegenden Männchen lag grob geschätzt bei etwa 40 bis 50 Individuen. Um nun mehr Ophrys-Blütenbesuche zu erhalten, gruben wir einige Ophrys-speculum-Pflanzen aus und verpflanzten sie in diese Wiese. Der Erfolg war geradezu verblüffend. Die Dolchwespen stürzten sich auf die Blüten und führten uns zahlreiche Pseudokopulationen vor. Gelegentlich balgten sich drei Männchen gleichzeitig um eine Blüte.«[3]

Der Ablauf wird genau beobachtet: »Ein Männchen fliegt die Blüte blitzartig an, dann landet es und orientiert sich auf der Blüte. Während sich das Tier häufig mit den Mandibeln vor der Narbengrube an den zwei dafür prädestinierten Längswülsten verbeißt, führt der Hinterleib heftige Kopulationsbewegungen, die wie Stechbewegungen wirken, im Bereich des rostrot behaarten Lippensaums durch. Dabei ist der dreizackige Genitalapparat weit herausgestreckt. Nicht selten dreht sich nach einiger Zeit das Männchen auf der Blüte hin und her, um aber bald wieder die für diese Ophrys-Art richtige Position einzunehmen. Solche Besuche dauerten in aller Regel etwa 40 Sekunden, wir konnten aber auch Aufenthaltsdauern von einigen Minuten messen. Häufig besuchte dasselbe Männchen unmittelbar danach eine zweite und dritte Blüte, um wiederum mit unverminderter Heftigkeit Kopulationsbewegungen auszuführen . . . Drehte man die Blüte um 180 Grad, verzögerte dies lediglich kurzfristig die richtige Orientierung der Dolchwespe.

Die Hummelragwurz (Ophrys holosericea) ist eine jener fünf Ragwurz-Arten, die aus dem Mittelmeergebiet den Sprung über die Alpen erfolgreich geschafft haben. Als Bestäuber werden die wärmeliebenden Langhornbienen genannt. Die von der Lippe verströmten Duftstoffe locken auch Gartenlaubkäfer an. Vielleicht sind sie die Ersatzbestäuber in unseren Breiten, denn zu oft wurde schon die auch hier im Bild gezeigte Bestäubung durch diese Käfer beobachtet, als daß dies nur Zufallsbesuche sein könnten.

Das Tier landete zunächst wie gewohnt, orientierte sich dann stets für die Blüte richtig, das heißt nun kopfunter, aber mit dem Kopf in die Narbengrube hinein. Allerdings drehten sich die Männchen jedoch nicht selten nach einem Kopulationsversuch auf der Blüte, orientierten sich danach aber stets wieder richtig. Das zeigt deutlich, daß allein die taktilen Reize der Blüte für die richtige Orientierung des Besuchers verantwortlich sind.«[4]

Ein Notstand wird schamlos ausgenutzt

Diese Veröffentlichung der beiden Zoologen und die Hinweise eines Biologen aus der Schweiz haben uns zu Filmarbeiten auf der Insel Mallorca angeregt. Als wir uns dann in den heimischen Ragwurz-Revieren umsahen, konnten wir noch einige Tricks mehr beobachten. Einer davon wollte so gar nicht ins Evolutionsschema passen. Wir trauten unseren Augen nicht, als sich auf einer Hummelragwurz auf einer Wiese am Rand der Schwäbischen Alb keine Biene, sondern ein Gartenlaubkäfer niederließ.

Offenbar war es nicht die Blütengestalt, sondern der Sexualduftstoff, der den umhervagabundierenden Freier angelockt hatte. Die Suche nach der Duftquelle führte den Käfer auf der ganzen Blüte umher. Beim ersten Vorbeistreifen an den Befruchtungsorganen der Orchidee blieben noch keine Pollinien haften. Wieder steuerte der Käfer die Mitte an, und diesmal heftete ihm die Orchidee eine Pollinie auf den Rückenschild. Der verliebte Käfer schien davon nichts zu bemerken. Immer wieder drückte er seinen Kopf gegen das Säulchen im Zentrum der Blüte, und dann war es soweit: Die Pollinien klebten auf seinem Nacken fest, wurden aus dem Staubbeutelfach gezogen und schmückten nun vorübergehend diesen ungewöhnlichen Liebhaber, der an diesem Maitag auch von uns gefilmt wurde.

Wurden wir Augenzeugen eines doppelten Irrtums? Täuschte eine Orchidee vielleicht doch nicht nur Insekten der »angestammten« Arten? Das war die Frage, denn auch an anderer Stelle ließ sich ein Gartenlaubkäfer von einer Hummelorchidee verführen, verweilte über eine Stunde und leckte unter fortdauernden Kopulationsbewegungen an der Lippe der Ragwurz. Und an einer dritten Ragwurz mit weißen Perigonblättern wiederholte sich das Spiel.
Die Spiegelragwurz überraschte uns im übrigen noch mit einem anderen Trick. Sie ist, wie wir ja inzwischen wissen, auf eine ganz bestimmte Dolchwespe als Bestäubungshelfer angewiesen, und mit welchen Reizen sie ihn anlockt, haben wir gesehen.

Oft findet man zwei oder drei der mitteleuropäischen Ragwurz-Arten in unmittelbarer Nachbarschaft. Hier sind es die Hummelragwurz (Ophrys holosericea) und die Fliegenragwurz (Ophrys insectifera), die einträchtig nebeneinander in derselben Wiese stehen. Auch die rechts abgebildete Orchidee wurde am selben Tag nur wenige Meter entfernt am selben Standort aufgenommen.

Interessant ist nun, auf welche Weise sie die echte weibliche Konkurrenz unter den Wespenweibchen aus dem Rennen wirft. Sie nutzt einfach einen sexuellen Notstand der Männchen schamlos aus. So ergaben Beobachtungen, daß bei dieser Wespenart wie auch bei den meisten anderen Hymenopteren die Männchen im Frühjahr immer vor den Weibchen schlüpfen.

Ihrem Paarungsinstinkt sogleich folgend, summen sie auf der Suche nach Weibchen rastlos in der Wiese umher. Kein Weibchen in Sicht! Und wer bietet sich an? Unsere Spiegelragwurz. Über sie fallen die Männchen her und auf sie herein.

Lug und Trug gehen bei diesem Täuschungsmanöver so weit, daß die Spiegelragwurz auch Blüten in Bodennähe bildet, da sich die schlüpfenden Weibchen meist in Bodennähe aufhalten. Wenn diese dann wirklich auf der Szene erscheinen, sind die Ragwurzblüten längst emsig beflogen und bestäubt worden.

Unsere Beobachtungen, die wir auch im Film und in Fotos dokumentieren konnten, fanden wir ebenfalls durch die Arbeiten von Hannes C. Paulus und Claudia Gack bestätigt:

»Hymenopterenmännchen schlüpfen generell etwa eine oder mehrere Wochen vor den Weibchen (Protandrie). Den Sinn dieses vorgezogenen Schlupfs kann man zum einen darin sehen, daß die Männchen in dieser Zeit einer Selektion unterworfen werden, welche nur die ›fittesten‹ zur Paarung kommen läßt.

Zum anderen spielt vielleicht auch eine Sicherung der Begattung aller Weibchen eine Rolle, die sofort nach dem Schlüpfen der Weibchen an der Kolonie stattfinden kann.«[5]

*D*ies ist ein Bastard der Hummel- und der Fliegenragwurz. Leicht erkennbar sind das blaue Mal und die Braunfärbung der Lippe als Anteil der Fliegenragwurz. Deutlich werden aber auch der Gesamthabitus der Blüte und das Lippenanhängsel der Hummelragwurz.

Als letzte der mitteleuropäischen Arten erscheint Ende Juni die Bienenragwurz (Ophrys apifera). Die stark zurückgeschlagenen Blütenblätter rücken die samtig behaarte Lippe noch deutlicher in den Blickpunkt. Die beiden gelben, gestielten Pollenpakete ragen auf diesem Bild aus den grünen, nach vorne abstehenden Staubfächern heraus und neigen sich nun zur eigenen Narbe. Es gibt also auch Orchideen, die sich selbst bestäuben.

Auch Höhe und Stand der Blüten spielen in den Beobachtungen der beiden Forscher eine Rolle: »Bei der Suche nach arteigenen Weibchen verfolgen . . . Männchen zwei verschiedene Strategien. Sie schwärmen entweder direkt an der Stelle, wo die Weibchen schlüpfen werden, und suchen dort ständig den Boden ab, oder sie bilden regelrechte Schwarmbahnen aus, die über lange Zeit konstant abgeflogen werden. Alle Blüten, welche in einer solchen Schwarmbahn stehen, werden regelmäßig kontrolliert.«[6]

Diese unerhörten Geschichten von hereingelegten Insekten kann man nur bei den Orchideen erleben. Andere Pflanzenfamilien sind zu solchen Manövern nicht fähig. Bei uns sind die Ragwurzorchideen als Täuscher entlarvt, in Nord- und Südamerika unter anderen die Gattungen Trigonidium und Trichoceros, in Australien Cryptostylis und Drakaea. Ihnen allein gemeinsam ist auch die Art und Weise, in der sie mit der Enttäuschung der hereingelegten Hautflügler fertig werden. Da die Gefahr besteht, daß lernfähige Insekten nur wenige Besuche machen, ist die Bildung von Pollinien, in denen sich ja viele Pollenkörner befinden, die ideale Voraussetzung für die Befruchtung vieler tausend Samenanlagen. Ein Besuch genügt!

Eine Ragwurz-Art hat sich im Verlaufe der Entwicklung offenbar aus der Abhängigkeit von Bestäubungshelfern befreit. Es ist die Bienenragwurz, die meist zwei bis drei Wochen später als die verwandte Hummelorchis erblüht. Obwohl auch sie, der Gestalt ihrer Blüte nach zu urteilen, vorbildlich auf das Anlocken von Insekten eingerichtet zu sein scheint, konnten wir, wann immer wir sie fanden, keinen Besucher feststellen. Auch anderen Orchideenfreunden ist es so ergangen. Dagegen kann man erleben, wie die Bienenragwurz bei der Bestäubung zur Selbsthilfe greift. Wenn die Orchidee aufblüht, sind ihre Pollinien zunächst noch geschützt. Allmählich lösen sie sich dann aus dem schützenden Fach, um sich im weiteren Wachstum zur Narbe hinzubiegen. Ein klarer Fall von Selbstbestäubung. Sie hat ihr vermutlich die erfolgreiche Verbreitung im mitteleuropäischen Raum gesichert. Einige Orchideen haben sogar auf Grönland eine Nische gefunden, was einmal mehr die Anpassungsfähigkeit dieser doch vorwiegend in subtropischen Ländern beheimateten Pflanzen zeigt.

*M*it der Häufigkeit der Arten wächst auch die Möglichkeit von Kreuzungen. Zwei Bastarde aus dem mediterranen Raum zeigen diese Fotos. Die Blüte links zeigt eine Kreuzung der Drohnenragwurz (Ophrys bombyliflora) mit der Spiegelragwurz (Ophrys vernixia). Die gelbe Pollinie, die am rechten Lippenteil klebt, wurde dort vermutlich von einem Insekt abgestreift. Die Blüte rechts ist ein Bastard von der Drohnenragwurz und der Wespenragwurz (Ophrys tendhredinifera).

Natürliche Hybriden

In welcher Zeitspanne bei einigen Orchideen die Entwicklung von der Insekten- zur Selbstbestäubung geschah, läßt sich nicht feststellen. Allzulange aber dauerte sie wohl nicht, denn das dazu erforderliche milde Klima herrscht erst im jüngsten Abschnitt der Erdgeschichte in unseren Breiten.

Nun findet man in den verschiedenen Biotopen immer wieder Orchideenpflanzen, die sich so gar nicht zuordnen lassen wollen. Bei genauer Untersuchung stellt man dann fest, daß diese Pflanzen Merkmale von zwei verschiedenen Arten aufweisen. Oft sieht man die beiden dazugehörigen Eltern in der Nähe stehen. Die aus einer solchen Kreuzbestäubung hervorgegangene Mischung wird allgemein als Hybride oder Bastardbildung bezeichnet, und diese natürliche Bastardbildung hat mit dazu beigetragen, daß die Zahl der Orchideenarten weiter angewachsen ist. Fast immer wurde nämlich eine Hybride als eine neue Art bestimmt und folglich auch mit einem neuen Namen versehen. Von vielen Leuten wird die Tatsache, daß Orchideen auch verhältnismäßig häufig miteinander »bastardieren«, als eine Weiterentwicklung, also ein Fortschreiten der Evolution gewertet. In der Natur wird zwar durch genetische Mechanismen oder durch Fortpflanzungsschranken geologischer und ökologischer Art die

Bastardbildung in der Regel verhindert. Wissenschaftler haben aber festgestellt, daß durch äußere Einflüsse genetische Sperren gelockert oder ganz aufgehoben werden können. In der Vergangenheit könnte das Zurückweichen der Eismassen in den Zwischeneiszeiten eine der Ursachen gewesen sein. Wie weit sich heute die immer stärker werdenden menschlichen Einflüsse auf die Umwelt bei den sensiblen Pflanzen und deren genetische Entwicklung auswirken, ist die Frage. Tatsächlich sind auch bei der weiter rückläufigen Anzahl von Orchideen immer wieder Bastarde zu finden. Oft sind diese Pflanzen aber steril, also nicht fortpflanzungsfähig.
Manche Orchideensippen sind nahezu stabil, das heißt, unter ihnen kommen Kreuzungen recht selten vor. Andere dagegen wie die allgemein bekannten Ragwurz-Arten neigen sehr stark dazu, Bastarde zu bilden. Auch unter unseren Knabenkräutern findet sich so ein liederlicher Wandel. Die Wissenschaftler bringt er jedenfalls zur Verzweiflung.

Die eigentümliche, unverwechselbare Wuchsform unterscheidet die Bocksriemenzunge von allen anderen Orchideen. Offene, stark sonnige Standorte werden von dieser seltenen Orchidee bevorzugt. Die anfangs uhrfederartig eingerollte Lippe kann nach der Streckung bis 8 cm Länge erreichen. Der ungewöhnlich scharfe, intensive Geruch nach Ziegenbock hat vermutlich bei der Namensgebung mitgewirkt.

*D*ie besonderen Ansprüche der Orchideen und die Zerstörung vieler ihrer Lebensräume sind der Grund für den starken Rückgang dieser Pflanzen. Das Gefleckte Knabenkraut ist eine Orchidee, die viele verschiedene Standorte bewohnt. Daher gelingt es ihr auch heute noch, immer wieder neue Lebensräume zu besiedeln.

Da ist zum Beispiel das Gefleckte Knabenkraut (Dactylorhiza maculata). Man findet die auffällige, manchmal bis zu 90 Zentimeter hohe, manchmal aber auch zierlichere Pflanze mit ihren reichgemusterten dunkelvioletten bis blaßrosafarbenen Blüten in vielen Lebensräumen. Sie steht in trockenen ebenso wie in nassen Wiesen, an Rändern von Mooren und an Straßenböschungen, im feuchten Quellbereich wie im lockeren, lichten Mischwald. Auch an die Bodenbeschaffenheit stellt das Gefleckte Knabenkraut keine besonderen Ansprüche. Es gedeiht auf sauren wie auf basischen Böden, besiedelt ganz Europa bis nach Sibirien und ist sogar auf Island anzutreffen. Höhen sind kein Hindernis. In den Alpen erklimmt die Pflanze 2200 Meter. Angesichts einer solchen Verbreitung ist es nicht verwunderlich, daß das Gefleckte Knabenkraut auch optisch so variantenreich erscheint. Die Blätter können von dunkelvioletten Flecken übersät oder völlig fleckenlos sein, die Blütenlippe kann stark oder schwach geteilt sein, die Ähre groß und dicht oder klein und locker erscheinen. Dennoch erkennt man als geübter Orchideensucher das Gefleckte Knabenkraut instinktiv. Der auf die Flecken hinweisende Name ist allerdings ungewöhnlich gewählt, denn noch einige andere unserer heimischen Knabenkräuter tragen dunkle Flecken auf den Blättern.

Diese Formenvielfalt plagte schon im letzten Jahrhundert die Wissenschaftler. So beschrieb der Orchideenforscher H. G. Reichenbach 1851 fünf Formen des Gefleckten Knabenkrauts, damals noch Orchis maculata genannt.

Nach vielen Diskussionen setzte sich dann in den zwanziger Jahren unseres Jahrhunderts die Ansicht durch, man müsse zwei verschiedene Formen unterscheiden. Die eine blieb Dactylorhiza maculata, die andere nannte man Dactylorhiza fuchsii. Bei der Anwendung der erarbeiteten Unterscheidungsmerkmale in der Feldarbeit merkte man aber bald, daß sich die Merkmale häufig überschnitten. Der »Stein des Weisen« schien dann 1938 gefunden, als der dänische Anatom und Morphologe Hagerup die Chromosomen dieser beiden Arten zählte und feststellte, daß Dactylorhiza fuchsii 40, Dactylorhiza maculata dagegen 80 Chromosomen aufwies. Endlich schien ein konstantes Merkmal erkannt. Die Botaniker atmeten auf. Für das Bestimmen im Gelände war die neue Erkenntnis zwar problematisch. Doch war wenigstens ein Anfang gemacht.

Das Gefleckte Knabenkraut (Dactylorhiza maculata) ist eine Orchidee, deren genaue Bestimmung sehr problematisch ist und die Wissenschaft schon seit vielen Jahrzehnten beschäftigt. Viele Arten und Unterarten wurden bereits beschrieben, bestätigt und wieder verworfen. Einen kleinen Einblick in diese Vielfalt vermittelt diese Doppelseite.

Bald aber brachten neue Untersuchungen durch verschiedene Botaniker erschütternde Erkenntnisse. Die Chromosomenzahlen für die beiden Formen des Gefleckten Knabenkrauts stimmten zwar, so wies der Orchideologe Pieter Vermeulen nach, für Holland. Auf die Knabenkräuter in Deutschland, in der Schweiz und in Italien aber war kein Verlaß. Fuchsii-Pflanzen besaßen eben nicht immer 40 und Maculata-Pflanzen nicht immer konstant 80 Chromosomen. Hagerups Arbeit war nun Makulatur.
Es scheint, daß sich das Gefleckte Knabenkraut allen Versuchen, in eine bestimmte Schublade gesteckt zu werden, erfolgreich widersetzt. Hoffentlich können wir es noch lange bewundern, wenn es im lauen Frühsommerwind seine prächtige Ähre wiegt.

*D*ie Bilder wurden alle zur gleichen Zeit aufgenommen, und die Blüten stammen alle aus der im vorigen Bild gezeigten Wiese. Wenn man hier dem wissenschaftlichen Namen die lateinische Abkürzung s. l. (senso lato) anfügt, was soviel heißt wie »im weiteren Sinn«, ist man sicher gut beraten.

*N*ach dem Nektar im Sporn der Großen Händelwurzblüte (Gymnadenia conopsea) sucht dieser Dickkopffalter, der hier gerade seinen Rüssel einführt.

*D*er Falter rechts auf dem zweiten Bild hat bei dieser Suche bereits eine der Pollinien auf seinen Rüssel aufgeklebt bekommen.

Täuschen, leimen, Fallen stellen

Zurück zu den Täuschungsmanövern! Unter den mitteleuropäischen Orchideen gibt es einige, die es, wie wir bereits wissen, auf die Täuschung ihrer Helfer anlegen, ohne ihnen eine Gegenleistung zu offerieren. Zu ihnen gehört die an besonders warmen, sonnenüberfluteten Trockenhängen gedeihende Bocksriemenzunge. Ihre unverwechselbar bizarre Blüte ist durch eine lange, schmale, anfangs uhrfederartig eingerollte Lippe gekennzeichnet. Wenn diese ihre vollen zehn Zentimeter ausgefahren hat, ähnelt sie, befand ihr Entdecker, einem Bocksbart. Auf jeden Fall stinken die Blüten scharf wie ein Ziegenbock. Ist es das, was Honig- und Erdbienen anlockt? Die Bocksriemenzunge wird jedenfalls von beiden Insektenarten besucht, die sich alle ihre Pollenpakete einhandeln, ohne Nektar zu erhalten.

Andere Blüten, andere Manöver. Eine besonders hübsche Orchidee ist mit ihren rosafarbenen Blüten die Händelwurz. Sie produziert wiederum reichlich Nektar, an den gern viele Insekten gelangen würden. Wir sahen den dickköpfigen Sandwespen zu, wie sie sich vergeblich um Zugang zur Nektarquelle bemühten. Die Händelwurz akzeptierte eben nur Schmetterlinge! Falter fanden mit sicherem Instinkt den schmalen Eingang in den langen, fast fadenförmigen Blütenraum, der nach dem Herausklappen der Blüte sichtbar wird. Schmetterlinge haben auch keine Mühe, ihren langen Saugrüssel zu entrollen und den im Sporn lagernden Nektar aufzunehmen. Daß sie dabei Pollinien aufgeklebt bekommen, ist unvermeidlich. Sie haften so fest am Rüssel, daß der Falter bei seinen folgenden Händelwurz-Besuchen immer wieder die Narben anderer Blüten damit streifen wird und so die Orchideen bestäubt.

Die Händelwurz gewinnt ihre Bestäubungshelfer vor allem mit ihrem Duft, von dem sich auch bestimmte Nachtfalter anlocken lassen, obwohl die Pflanze bei Tag stärker duften soll. Jedenfalls haben die mit mehr als 25 Blüten besetzten Pflanzen der beiden Arten, der Mücken- und der Wohlriechenden Händelwurz, alle Chancen, vollständig bestäubt zu werden. Ihre langen, spitz zulaufenden Blütenstände, die sie auf ihrem gut einen halben Meter langen Stengel balancieren, überhauchen mancherorts noch mit ihrem zarten Rosa bei uns die Berg- und Feuchtwiesen.

Die Klebescheiben der meisten Orchideen haben eine mehr oder weniger runde Form. Bei der Großen Händelwurz sind diese beiden Scheiben aber länglich. Durch die schiffchenartige Form haften die gestielten Pollinien sicher auf jedem noch so dünnen Schmetterlingsrüssel. So kann der Falter bei weiteren Blütenbesuchen den Saugapparat durch den schmalen Schlund zum Nektar führen, ohne dabei die Pollenpakete abzustreifen.
Noch raffinierter als beim Händelwurz werden bei der Pyramidenorchis die Pollinien aufgeklebt. Ihr treffender Name bezieht sich auf die Form der noch nicht ganz geöffneten dunkelroten Blütenstände. Die Bauweise der einzelnen Blüten erlaubt jedenfalls eine Bestäubung nur durch Schmetterlinge.

Es waren fast ausschließlich die hübschen Widderchen, genauer, die Exparsettenwidderchen, die an unserem Standort die Blüten beflogen. Die Pollinien aber wurden diesen Tieren auf noch raffiniertere Weise aufgeklebt als bei der Händelwurz. Da sind zunächst zwei Falten, die den Rüssel des Schmetterlings zielgerecht über einen Tunnel ins Blüteninnere führen. Die beiden gestielten Pollensäckchen sitzen hier gemeinsam auf einer sattelähnlichen Klebescheibe, und dieser Haftapparat legt sich nun gleich einem Ring um den dünnen Saugrüssel des Schmetterlings. Wie lange die Pollenpakete oder deren Reste am Rüssel haften oder ob sie überhaupt abfallen, darüber gibt es noch keine genauen Beobachtungen. Wir sahen jedenfalls Falter mit einer ganzen »Perlenkette« von Pollinien, die auch noch haften, wenn die Falter auf anderen Blüten nach Nahrung suchten oder auf dem gemeinsamen Schlafplatz eintrafen.

Erinnern wir uns an das Erlebnis in Ecuador, wo die hübschen Prachtbienen von einer Coryanthes-Orchidee in die Blütenfalle gelockt wurden. Solche Beobachtungen führten früher zu der Behauptung, unter den Orchideen gäbe es fleischfressende Pflanzen. Auch bei uns kamen die wunderschönen Frauenschuh-Orchideen in den Verruf, Fleischfresser zu sein, weil die Naturbeobachter einfach nicht lange genug beobachtet hatten. Man muß heute lange suchen, wenn man die herrliche Orchidee mit der zum zitronengelben Pantoffel gespaltenen Lippe auf kalkhaltigen Böden in Süddeutschland finden will. Sie blüht im übrigen auch nur 14 Tage im Mai und im Juni. In dieser Zeit aber werden die Blüten an warmen Tagen besucht. Wir haben zugesehen, wie vor allem Erdbienen beim Landeversuch auf der glatten Lippe regelmäßig in den Blütenkessel hineinrutschten.

Der Frauenschuh (Cypripedium calceolus) ist, von der Einzelblüte her betrachtet, die auffälligste und sicher die größte unserer heimischen Orchideen. Die goldgelbe Lippe ist zu einem pantoffelartigen Kessel geformt, in dem Insekten – meist sind es Sandbienen – zur Bestäubung gefangen, anschließend aber wieder in die Freiheit entlassen werden. Der Frauenschuh ist keine fleischfressende Pflanze. Die häufig im Kessel gefundenen toten Fliegen sind die Opfer von Spinnen. Sie legen sich bei der gelben Blüte auf die Lauer, um die angelockten Insekten zu überfallen.

Nach den ersten panikartigen Versuchen, über die glatten Wände wieder auszusteigen, kamen sie meist zur Besinnung. Vom tiefsten Teil des Pantoffels aus erblickten sie dann das »Fenster zum Flur« und auch die Leisten aus feinen Haaren, die zum Ausstieg führten. Folgten die Pantoffelhelden diesen Hinweisen, so mußten sie an den Pollenlagern vorbei und erhielten die stiellosen Pollinien auf den Rücken geklebt. Obwohl die Tortur mit Gefangennahme und Befreiung manchmal bis zu einer Stunde dauerte und die Tiere alle ihre Energie kostete, fielen sie einige Zeit später auf die nächste Frauenschuh-Verlockung herein. Bei manchen reichten jedoch die Kräfte nicht. Sie blieben im engen Durchschlupf kleben und mußten sterben.

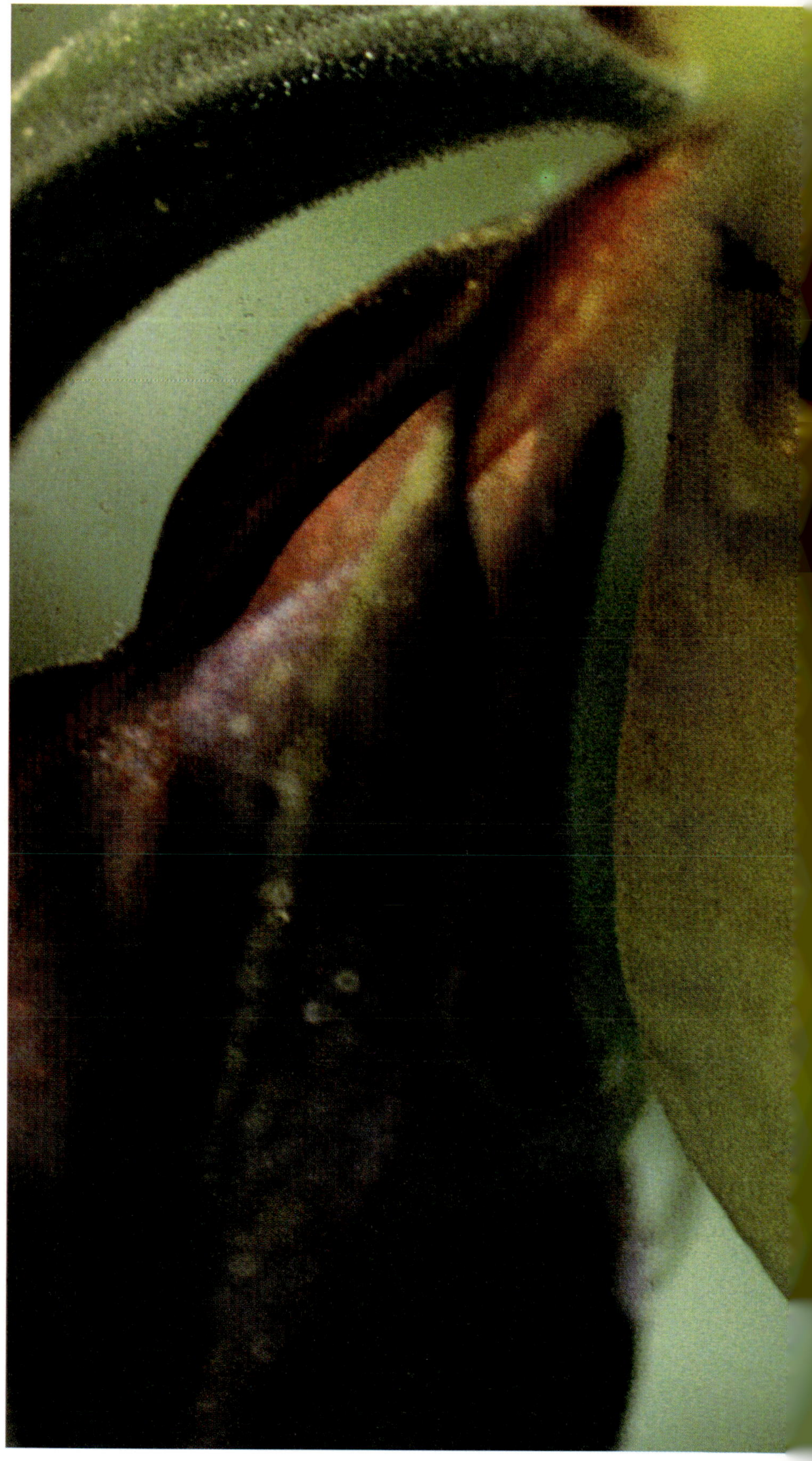

*V*ergeblich versucht die abgestürzte Sandbiene, an der glatten Kesselwand hochzusteigen. Der einzig mögliche Ausgang aus dem unfreiwilligen Gefängnis führt das Insekt zwangsläufig an der klebrig-schmierigen Pollenmasse und an der Narbe vorbei.

Zu den später blühenden heimischen Orchideen zählen die Sumpfwurz-Arten. Die Echte Sumpfwurz (Epipactis palustris) blüht ab Ende Juni im sumpfigen, feuchten Gelände. Sie ist nicht wie viele andere Orchideen auf einen Bestäuber spezialisiert. Honigbienen, Schwebefliegen, Feldwespen, kleine Fruchtbohrfliegen, vor allem aber Furchenbienen bestäuben ihre Blüten.

Wenn uns heute, nach unserer intensiven Beschäftigung mit dem geheimen Leben der Orchideen, jemand fragen würde, welche Orchideen wohl die aufregendsten seien, hätten wir keine Mühe zu sagen, die Gattung Epipactis. Da gibt es zum Beispiel eine Epipactis-Orchidee mit dem Namen Echter Sumpfstendel. Sie ist eine Schönheit, die auch einen hübscheren Namen verdient hätte. Nur noch selten zieren die braunrotweißen Perigonblätter ihrer großen Blüten mit den breiten weißen, wie feinste Spitze wirkenden Lippen unsere Sumpflandschaften. Aber wenn wir sie finden, dann sehen wir ihre schwingenden, großohrigen Köpfe gleich in größeren Feldern zusammenstehen. Der Grund dafür ist, daß die hochwüchsigen Stengel aus einem weitverzweigten, kriechenden Wurzelstock, sogenannten Rhizomen, herauswachsen.

Gut getarnt in der Sumpfwurzblüte hat hier eine Spinne ihrem Opfer aufgelauert. Fest umschließen jetzt die Beine der Spinne die Beute. Auf dem Rücken der erbeuteten Schwebefliege haften noch Reste von Epipactis-Pollen.

Die Epipactis palustris erfreute nicht nur uns. Aus der Insektenwelt nahm sie viele Besucher regelrecht gefangen. Zuerst fielen uns die größten und häufigsten Besucher auf, die Honigbienen. Es war keine Seltenheit, daß eine einzige Biene zwanzig und mehr Blüten in unmittelbarer Folge besuchte. Die leuchtend gelben Pollinien, die ihr dabei aufgeklebt wurden, machten das Tier für uns unverwechselbar.

In einigen Fällen wurde die sehr klebrige Narbe für kleinere Insekten zur tödlichen Falle. Eine Schwebefliege, die mit dem Kopf daran festklebte, mußte ihr Leben lassen. Weitere Beobachtungen brachten uns dann einem ganz ungewöhnlichen, vermutlich bisher nicht bekannten Sumpfwurz-Bestäuber auf die Spur, und zwar der Fruchtfliege. Man mußte schon genau hinsehen, wenn man nicht Vorder- und Hinterteil der nur sechs bis acht Millimeter großen Insekten verwechseln wollte. Acht Pollinien, die eine einzige Fruchtfliege mit sich herumschleppte, waren die Rekordzahl.

Alle diese Besucher von Sumpfwurz-Arten werden durch einen außergewöhnlichen, stark duftenden Trunk angelockt. Eine Wespe erschien uns nach dem reichlichen Genuß von Nektar geradezu beschwipst, so taumelig und unsicher bewegte sie sich auf der Blüte! Die Biologin Ilona Müller, die uns während der Kameraarbeit oft begleitete, beobachtete, wie räuberische Insekten die Anziehungskraft unserer Stendelwurz auch für sich ausnutzten. So verbargen sich Rote Weichkäfer und Krabbenspinnen in der Blüte und lauerten anderen Besuchern auf. Krabbenspinnen töteten die Besucher durch einen Biß in den Nacken, die Eichblatt-Radspinne dagegen, notierte Ilona Müller, »befestigte radförmige Fangnetze zwischen den Epipactis-Pflanzen und fesselte ihre Beute, zu der auch große Honigbienen und Schmetterlinge zählten, indem sie das strampelnde Insekt hurtig mit ihren Webfäden umspann«[7].

*D*iese Furchenbiene besuchte Blüte um Blüte, ohne daß ihr Pollinien angeklebt wurden. Die Kontrolle der einzelnen Blüten nach dem Abflug der Biene brachte eine verständliche Erklärung: Es waren keine Pollinien mehr in den Blüten zu finden. Vermutlich hatten sie vorausgegangene Besucher bereits entnommen.

Die Arbeit von Ilona Müller erstreckte sich nicht nur auf einige Zufallsbeobachtungen. Einen Sommer lang hatte sie eine Sondergenehmigung des Regierungspräsidiums in Tübingen, die ihr das Fangen auch von Orchideenbestäubern erlaubte, die seit einigen Jahren geschützt sind. An zwei Standorten der Echten Sumpfwurz fing die Biologin während der Blütezeit 165 mit Pollinien bepackte Tiere und stellte fest, auf wie viele Tierarten diese Orchidee Anziehungskraft ausübte: 104 Tiere waren Hautflügler, meist Bienen und Wespen, 17 waren Käfer, und in 43 Fällen hatten Fliegen den gelben Pollenschmuck auf dem Leibe. »Spitzenreiter« waren mit 73 Tieren die kleinen Furchenbienen. Sie können getrost an diesem Standort als die Hauptbestäuber gelten. Die kleine Fruchtbohrfliege (Oxyna flavipennis) wurde erstaunlicherweise 14mal gefangen.

Unter den Epipactis-Arten studierte Ilona Müller die verschiedenen Bestäubungsstrategien mit großer Sorgfalt. 38 von 40 Besuchern waren bei einer, der Breitblättrigen Stendelwurz (Epipactis helleborine), gelbschwarz gezeichnete Wespen. Diese Orchidee hat sich als reine »Wespenblume« spezialisiert und neben ihr auch Epipactis purpurata: »Beide Pflanzen besitzen eine ähnliche Blütenmorphologie: Auf der Narbe schimmert milchig das kugelige Rostellum, im Napf der Hinterlippe fließt der üppig produzierte Nektar zu einer spiegelnden Fläche zusammen. Die Blütenfarbe variiert zwischen Grünlich und Schmutzigrot. Für Faltenwespen scheint diese Merkmalskombination besonders attraktiv zu sein.«[8]

Ein Feldwespennest in der Nähe der Orchideenwiese zeigt, daß auch diese Tiere die Echte Sumpfwurz (Epipactis palustris) besuchen. Die Wespe im Zentrum des Nestes trägt zwei der aufgeklebten gelbleuchtenden Pollinien auf der Stirn.

Eine andere Orchidee, und zwar Epipactis consimilis (Germerblättriger Stendelwurz), die im östlichen Mittelmeerraum vorkommt, bietet bestimmten Schwebefliegen männlichen Geschlechts nicht nur ihren Nektar als Nahrung an, sondern veranlaßt durch die Vortäuschung von Blattläusen in Gestalts-, Geruchs- und Tastmerkmalen auch die Weibchen, ein Ei auf der Blüte abzulegen. (Die Larven dieser Fliege ernähren sich von Blattläusen.) Männchen und Weibchen, die die Orchidee besuchten, wurden dafür auf ganz unsanfte Art zur Kasse gebeten. Die Lippe von Epipactis consimilis ist nämlich als Schleuder eingerichtet. Landet eine Wespe, schnellt der vermeintlich sichere Boden auf einmal hoch und schleudert die Schwebefliege auf die Narbe. Die Fliege will sich aus dem klebrigen Untergrund befreien und berührt bei ihren heftigen Bewegungen das ebenfalls klebrige Ende des Polliniums. Bestäubungsversuch geglückt!

Diese Furchenbiene scheint zum Abflug bereit. Sie kommt aus dem Zentrum der Orchideenblüte, wo ihr an der Nektarquelle die beiden Pollinien aufgeklebt wurden. Es ist erstaunlich, daß diese kleine Biene mit der für sie doch beachtlichen Last mühelos zur nächsten Blüte fliegen kann und damit die folgenden Blüten bestäubt.

Wie »blind« Insekten gegenüber Gefahren sind, wenn sie durch die Reize der Orchideen gelockt werden, dafür ist diese Bestäubungsstrategie ein weiteres Beispiel. Immer wieder haben wir an Epipactis-Orchideen Insekten beobachten können, die wie von Sinnen schienen. Ilona Müller beobachtete eine Wespe, die »beschwipst« und, mit fünf Pollinienpaaren belastet, sogar unsanft von der Blüte zu Boden purzelte.

Ob da vielleicht Alkohol im Spiel ist?

Nun wollten wir genauer wissen, von welcher Art der Saft ist, dem vor allem Wespen so verfallen schienen. So regten wir eine Analyse der Inhaltsstoffe des Nektars einiger Stendelwurz-Arten an, die Ilona Müller im Labor der Universität mit Hilfe von Fachleuten durchführte. Zuerst ging es darum, die verschiedenen Zuckeranteile im Nektar zu analysieren. Zucker ist ja bekanntlich eine Voraussetzung für die Bildung von Alkohol. Dazu mußte unsere Orchideenforscherin einige Blüten vom Breitblättrigen Sumpfstendel opfern, aus denen sie den Nektar herauspipettierte.

Ergebnis ihrer Untersuchung: In einem Milliliter Nektar vom Breitblättrigen Sumpfstendel befinden sich 9,44 Milligramm Glucose (also 0,94 Prozent), ferner 27,58 Milligramm Fructose (mithin 2,76 Prozent) und schließlich 232,28 Milligramm Saccarose (das sind 32,2 Prozent). Insgesamt enthält der Nektar im Breitblättrigen Stendelwurz eine Zuckerkonzentration von 27 Prozent.

Nun zum Alkohol! Mit dem Verfahren, das Ilona Müller bei einer jungen Blüte vom Breitblättrigen Sumpfstendel anwandte, rückt unsere Polizei auch alkoholisierten Autofahrern zu Leibe. Das Verfahren heißt Gaschromatographie. Dabei werden die Bestandteile einer bestimmten Substanz, die sich im nichtzersetzten Zustand verdampfen läßt, voneinander getrennt. In unserem Fall wurde eine frische, nektarreiche Blüte in ein gasdichtes Septumfläschchen eingeschlossen und das Ganze in einem Wasserbad auf 55 Grad Celsius erwärmt. Nun entnahm man mit Hilfe einer Spritze eine bestimmte Menge des Dampfes aus dem Dampfraum und spritzte sie in den Gaschronometer. Nach einer Retentionszeit von einer Stunde und acht Minuten erschien tatsächlich Ethanol: »Der Nektar von Epipactis helleborine«, schließt die Untersuchung, »enthält also geringe Mengen Alkohol. Die Konzentration ist mit 0,01 bis 0,02 Vol.-% jedoch zu gering, um mit dieser Meßmethode auch eine quantitative Aussage machen zu können.«[9]

Die Breitblättrige Sumpfwurz (Epipactis helleborine) trifft man in Laub- und Nadelwäldern, an Waldrändern und im lockeren Gebüsch an. Mit dem in der napfähnlichen Lippe dargebotenen Nektar lockt sie vor allem gelbschwarz gezeichnete Wespen an. Beim Nektartrinken werden ihnen dann die ungestielten Pollenpakete auf die Stirn geklebt. Sechs, acht oder gar zehn Pollinien, die gleichzeitig einen Wespenkopf schmücken, sind keine Seltenheit.

Und weiter: »Um die Empfindlichkeit der Methode zu verbessern, wurde eine Blüte in das Lösungsmittel Toluol gelegt. In diesem [. . .] zeigt Ethanol einen erhöhten Dampfdruck, so daß die Nachweisgrenze für Ethanol kleiner wird. Auch hier trat als erster Ausschlag deutlich eine Ethanol-Reaktion auf. [. . .] Da sich Ethanol unter natürlichen Bedingungen ständig aus der Blüte verflüchtigt und auch ganz unterschiedliche Produktionsraten von Ethanol (je nach Alter der Blüte und Mikroorganismen-Produktion im Nektar) existieren, versteht es sich von selbst, daß dieser Meßwert nicht absolut gesehen werden kann. Der ermittelte Ethanolwert von 0,01 Vol.-% gibt also lediglich das Fließgleichgewicht zwischen Produktions- und Verdampfungsrate an.«[10] Auch Hefepilze, in unserer Blüte sogenannte Nektarhefen, vergären im Verein mit bestimmten Bakterien zuckerhaltige Lösungen zu Alkohol.

*D*ie Pollinien der Sumpfwurz-Arten (Epipactis) haften nicht so fest wie die gestielten. Ganze Knäuel dieser Pollenpakete kleben mitunter auf einer einzigen Narbe. Auch an Laubblättern und am Stengel der Pflanze klebt hin und wieder ein abgestreiftes Pollinium.

Ilona Müller legte verschiedene Nektarproben unter das Mikroskop und fand sowohl Hefepilze als auch reichlich Bakterien. Die erste Untersuchung der Frage nach dem Alkohol in Orchideenblüten schließt sie mit dem schwungvollen Satz ab: »Der Breitblättrige Sumpfstendel greift zu einem betäubenden Rauschmittel, um sich die Insektenwelt willig zu machen. Im reichlich abgeschiedenen Nektar leben Bakterien und Wildhefen, die den Zucker zu Alkohol vergären. Trunken taumeln die verführten Wespen von Blüte zu Blüte. Wer jedoch vom süßen Likör kostet, muß seinen Tribut entrichten.«[11] Was noch bewiesen werden müßte! Noch ist experimentell nicht geklärt, ob Bienen durch Alkohol von solch geringer Konzentration, wie sie bei den bisherigen Untersuchungen ermittelt wurde, beeinflußt werden. Es ist auch möglich, daß sie einfach zuviel Zucker aufnehmen.

5 *Blütenbiotechnik, ein Kapitel für sich*

Viele Geheimnisse der Orchideen konnten wir während unserer Film- und Foto-Entdekkungsreise lüften. Dabei ging es meistens darum, Behauptungen von Orchideenfreunden und Wissenschaftlern durch Bilddokumente auch optisch zu belegen, denn gerade daran kranken bisher fast alle Bücher, die wir kennen. Ein ganz besonderes Thema der Blütenbiologie bleibt noch zu untersuchen, das ist die Blütenbiotechnik.

Wenn Insekten sich auf das Abenteuer der Blütenbesuche einlassen, dann kommen sie, wie wir gesehen haben, kaum ohne eine gebührende Last an Pollinien davon. Mal sind die kleinen Pakete ungestielt, mal mit einem Stiel versehen. Wir haben Honigbienen beobachtet, die nur ein »Horn« trugen, aber auch solche, denen ganze Büschel von Pollinien auf dem Haupt klebten. Sie schleppten schließlich so schwer an ihrer Last, daß sie die Blüte zu Fuß verlassen mußten. Loswerden aber konnten sie die Pollinien nicht. Immer wieder haben wir gefilmt, wie schnell und sicher die Pollinien sich auf den Kopf, die Fühler oder den Rücken setzten, sobald das Insekt die Klebescheibe berührte. Als wir selbst mit Hilfe von Grashalmen oder Streichhölzern Blütenbesucher spielten, erlebten wir, wie wirksam die Einrichtung ist.

Sobald nun aber eine gestielte Pollinie auf unserem Streichholz klebte, bog sich der Stiel mit den Pollen nach vorn. Das soll die Berührung der Narbe und damit die Befruchtung erleichtern, wenn ein mit Pollinien beladenes Insekt eine andere Blüte anfliegt. Die Pollinie dreht sich also selbst in die richtige Position, so daß ein großer Teil der Pollenkörner dann wirklich auf der klebrigen Narbenfläche hängenbleibt, sobald sie mit dieser in Berührung kommen.

*E*ine der grün-metallisch schimmernden Prachtbienen (Euglossa dressleri) im Anflug an eine Orchideenblüte. Wie bei der Coryanthes auf Seite 25 beschrieben, sammelt die schmucke Prachtbiene auch von dieser Blüte die Parfümstoffe. Es ist sicher keine Übertreibung, wenn man dieses herrliche Tier als fliegenden Smaragd bezeichnet.

Uns verblüffte schon die winzige Bewegung der Pollinien. In den Tropen aber gibt es Orchideen der Gattung Catasetum, die ihre Besucher sogar mit Pollinien beschießen, und zwar die armen Euglossa-Prachtbienen, die schon in der Coryanthes so leiden müssen. Catasetum gehört zu den wenigen Orchideen, bei denen es männliche und weibliche Blüten gibt, die auf verschiedenen Pflanzen sitzen. Männliche Blüten locken die Prachtbienen mit Duftstoffen an, und wenn diese an das begehrte Aroma wollen, müssen sie die sogenannten Antennen berühren, die aus diesem Blütenteil hervorschauen. Die beiden Pollinien mit Klebescheibe und Stiel sind in einem Beutel untergebracht. Dabei steht der Stiel durch seine besondere Position unter Spannung. Berührt nun die Prachtbiene die bewußte Antenne, federn die Pollinien aus dem Beutel, machen ein Looping und knallen, mit der Klebescheibe zuerst, auf den Körper des Tieres. Es wurde beobachtet, daß die Wucht des Aufpralls die Getroffene regelrecht aus der Blüte schleudert.

*D*ie hochinteressante Gruppe der Catasetiden bezeichnete schon Darwin als »die merkwürdigste aller Orchideen«. Eine Art kann nämlich auf verschiedenen Pflanzen sehr unterschiedliche Blütentypen ausbilden: weibliche, männliche oder zwittrige. Im vergangenen Jahrhundert wurden die verschiedenen Blütentypen drei eigenen Gattungen zugeschrieben. Der Irrtum fand seine Berichtigung erst nach der zufälligen Entdeckung einer Einzelpflanze mit zugleich allen drei Blütenformen. Die Cycnoches-thurstonorus-Orchidee in diesem Bild hat eine männliche und eine weibliche Blüte entwickelt. Man würde sie tatsächlich auf den ersten Blick niemals derselben Art zuordnen!

Träfe das Geschoß nicht, könnte es gut 80 Zentimeter weit fliegen.
Aber es trifft, und nun geschieht das Merkwürdige: Die männlichen Blüten verlieren ihren Duft, die weiblichen Blüten werden erst jetzt attraktiv. Sie beginnen nämlich einige Tage nach den männlichen Blüten zu duften. Mit ihrem Aroma gehen sie sparsam um. Für eine oder höchstens zwei Stunden nach Sonnenaufgang halten sie ihren Duft zur Verfügung, Tag für Tag, oft einen Monat lang, bis sie endlich bestäubt sind. Die Natur hat dafür gesorgt, daß nur genau jene eine Art bestäubt wird, zu der auch die männlichen Blüten gehören. Diese schießen nämlich ihre Liebespfeile so präzise ab, daß diese genau in der richtigen Position sitzen, wenn die Prachtbiene sich in die Dufthöhle des Löwen vorwagt und im Rückwärts-Herankriechen die Narbenrinne berührt.
Das alles erscheint uns noch eindrucksvoller als der Sprungdeckeleffekt, mit dem unsere Epipactis consimilis die Schwebefliegen auf ihre Narbe katapultiert.

Das Rätsel, das dem Klebstoff anhaftet

Über das Wie dieser Bewegungen ist viel gerätselt worden. Was, so lauteten die Fragen, befähigt die Orchideen, ihre Pollinien zu bewegen, Insekten zu beschießen oder eine bestimmte Zeit am Ausgang eines Blütenkessels festzuhalten, um sie dann plötzlich freizugeben? Und: Wie entsteht eigentlich der Klebstoff, der so gut auf Insektenköpfen und -leibern haftet? Woraus setzt er sich zusammen?

Es war ein Zufall, daß wir den Mann am Rand einer Wiese in Berlin trafen, der ebenfalls Antworten auf diese Fragen suchte. Diese letzte wilde Orchideenwiese liegt ausgerechnet im Botanischen Garten, und Bodo Schick hatte die Erlaubnis, Orchideenblüten aus diesem Refugium und den Gewächshäusern für seine Forschungen zu untersuchen.
Während unserer Dreharbeiten an einem Film über den Botanischen Garten Berlin erzählte uns Bodo Schick von seinen blütenbiologischen Arbeiten. Er hatte schon an verschiedenen Anthurien, an der Chinesischen Baumschlinge (Periploca sepium) und anderen Pflanzen, die Gestalt, Struktur und Funktion des sogenannten Translators, also des Sekrets untersucht, das der Pollenübertragung dient. Und zu seinen jüngsten Forschungen nun gehörten genau die Pflanzen, die uns interessierten, die Orchideen. »Über sie«, stellte er richtig fest, »fehlen vor allem systematisch-vergleichende und ins Detail gehende Untersuchungen.« Was Bodo Schick an seinem Job herausforderte, war die »ausgetüftelte Blütenbiotechnik« bei den Orchideen.

*V*öllig unscheinbar steht das Große Zweiblatt (Listera ovata) zwischen den hochgewachsenen Gräsern. Es sieht so ganz und gar nicht nach dem aus, was man sich landläufig unter einer Orchidee vorstellt.

*D*er offen auf der Lippe dargebotene Nektar der grünlichgelben, unattraktiven Pflanze des Großen Zweiblatts lockt viele Insekten aus der Umgebung an. Hier besucht gerade eine Wiesenschnake die voll aufgeblühte Orchidee.

Wir können uns hier nicht auf die Schilderung seines ganzen Forschungsprogramms einlassen, sondern wollen das Beispiel Echter Sumpfstendel (Epipactis palustris) auswählen, denn mit dieser raffinierten kleinen Schönheit hatten wir uns bereits ausgiebig beschäftigt. Auch der Leser hat sie genau vor Augen.
An dem Klebstoff, den diese Orchidee und andere bilden, rätselten Forscher über ein Jahrhundert herum. Der eine sah darin einen Schleim, der andere ein Harz, der dritte einen Kitt. Über die Bildung dieses Klebstoffs herrschten ebenso unterschiedliche Vorstellungen. Das Rätsel, das dem Klebstoff anhaftete, schien unlösbar.

So beobachtete Charles Darwin 1899: »In der jungen Knospe besteht das Rostellum aus einer zerreiblichen Masse von Zellen mit rauher Außenfläche. Die oberflächlichen Zellen erfahren jedoch während ihrer Entwicklung eine große Veränderung, indem sie sich in eine weiche, glatte und sehr elastische Haut oder ein Gewebe verwandeln, was von so außerordentlicher Zartheit ist, daß ein Menschenhaar dasselbe durchdringen kann. [. . .] Manchmal«, und jetzt kommt unser Fall, »wird auch [. . .] die Oberfläche des Rostellums allem Anschein nach milchig und klebrig, ohne berührt worden zu sein. Diese äußere, weiche und elastische Haut bildet eine Kappe für das Rostellum und ist innen mit einer Schicht von viel klebriger Beschaffenheit überzogen, welche von der Luft binnen fünf bis zehn Minuten erhärtet.«[1]

Was an diesem Text neben der genauen Beobachtung Vergnügen macht, ist die schlichte, klare, zeitlose Sprache des großen Naturforschers. Bodo Schick aber kann Darwin widerlegen. Ihm stehen im übrigen andere Untersuchungsverfahren zur Verfügung, als sie der Naturforscher des 19. Jahrhunderts besaß. So konnte Schick von in Alkohol konservierten Blüten in verschiedenen Entwicklungsstadien feinste Schnitte mit dem Rotationsmikrotom herstellen und die Kontraste durch den Einsatz erprobter Färbungsmittel sichtbar machen. Eine ganz gewaltige Errungenschaft für seine Arbeit ist auch die Mikrofotografie. Die Zusammensetzung des Klebstoffs wiederum untersuchte Bodo Schick mit Hilfe der Chromatographie. Als wir nun die verschiedenen Mikroaufnahmen der Blütenscheibchen betrachteten, teilte sich uns die folgende Entwicklung mit: Zuerst sahen wir eine Knospe des Echten Sumpfstendels im Längsschnitt mit Narbe und Klebescheibe, die die Pollinien noch nicht freigesetzt hatte.

Die nächste Bildfolge hob die Klebescheibe im Detail heraus und zeigte uns, was da mit der Zeit alles in Fluß gekommen war. Wir stellten auf den ersten Blick ein kugeliges Gewebe aus vieleckigen Zellen fest, die plasmareich waren und einen großen Kern enthielten. Dann, auf den nächsten beiden Bildern, sahen wir, wie sich das Gewebe in der dritten und vierten Schicht zunächst auflöste und wie sich diese Umbildung allmählich auf das gesamte Gewebe ausdehnte, bis mit der fertigen Klebescheibe am Ende auch die Verbindung zu den Pollinien aufgenommen wurde. Zu deutsch: Wir hatten nun ein Klebstoffkügelchen an der Spitze des Polliniums, das auf der Innenseite an der Klebescheibe haftete und mit der Außenseite den Blütenbesucher »leimen« würde. Was Darwin als »homogene Klebemasse« mit »hautartigem Überzug« beschrieb, stellt sich, nach Bodo Schick, als eine »klebrige Substanz mit zellulärem Aufbau« dar.[2]

Diese Substanz wies immer noch Reste von Zellkernen und Zellwänden auf und an der Seite, die mit dem besuchenden Insekt Kontakt aufnehmen würde, noch Zellwände, Kerne und Cytoplasmareste. Die »dünne Haut« Darwins erkennt Schick als Teile der Hautaußenwand. Es sei noch nachzutragen, daß das Objekt unseres Interesses, also die Klebescheibe, nur bis zu vier Zehntel Millimeter breit und vielleicht sechs Zehntel Millimeter hoch ist.

Bodo Schick untersuchte nun auch noch die Feinstruktur des Klebeapparats und den Klebstoff selbst, denn schließlich wollte er ja wissen, was da eigentlich chemisch für das Haften zuständig sei. Wir konzentrierten uns wiederum auf die Entwicklungsstufen bei Stendelwurzblüten.

In der ersten Stufe zeigte das Elektronenmikroskop ein dramatisches Bild, auf dem mehrere, auf die Zelle bezogene Umbildungen gleichzeitig abliefen. Das dünne Häutchen, das als Überzug über der Klebescheibe lag, hob ab, Zellwände lösten sich insgesamt auf, und es bildete sich ein Raum zwischen dem Oberhäutchen und der Zellwand. Dieser Raum wurde fortschreitend mit Klebstoff gefüllt, dessen Natur noch zu klären ist. In diesem Zusammenhang wurde auch festgestellt, daß sich der Überzug über der Klebescheibe, eigentlich ein wasser- und luftundurchlässiger Film, in viele parallel liegende Schichten aufzulösen begann. Jetzt kam es auch im Inneren des Klebescheibengewebes zur Auflösung der Zellwände und der Mittellamellen. Deutlich war nun die Absonderung eines fett- und wasserfreundlichen, also mischbaren Naturstoffs zwischen den inneren Zellwänden zu erkennen. Einige Teile der Zellwände aber blieben noch erhalten. Im Gewebe ermöglichten die erhaltenen Plasmabrücken den Materialtransport.

Im letzten Entwicklungsstadium schließlich war die Klebescheibe fertig ausgebildet. Jetzt waren die Klebstofftröpfchen zusammengeschlossen, in den stark aufgelösten Zellwänden schwammen Klebstoffschollen. Das Cytoplasma hatte sich vollständig zu Klebstoff umgebildet. Dieser neugebildete Naturstoff war es also, der so gut auf Insektenköpfen haftete.

Die weiteren Orchideen, deren Klebstoffbildung und -zusammensetzung der Berliner Biologe untersucht hat, sind: Breitblättriges Knabenkraut (Dactylorhiza majalis), Oncidium hastatum, Großes Zweiblatt (Listera ovata) und Disa uniflora. Bei allen Eigenschaften, die diese Orchideen von unserem Echten Stendelwurz unterscheiden mögen, haben sie dies gemeinsam: Sie bilden eine Klebescheibe, die morphologisch getrennt und physiologisch differenziert ist von der restlichen Narbe.

Wie Orchideen halten, klammern und schießen

Entwicklungen wie die Verbesserung des Bestäubungsapparats durch solche Klebescheiben und andere Dinge mehr suchen in der Pflanzenwelt ihresgleichen. Eine weitere Eigenschaft aber, die man unter Orchideen findet, ist geradezu unheimlich: Es ist die Befähigung zur sekundenschnellen Bewegung.

Eine dieser Bewegungen haben wir selbst oft gefilmt:
In dem Augenblick, da einem Insekt eine der gestielten Pollinien aufgeklebt wurde, bewegte sich diese Pollinie in eine »bestäubungsfähige Position«. Darwin hat das Phänomen ebenfalls beobachtet und als »Zusammenziehung« charakterisiert. Auch andere Forscher suchten eine Erklärung dafür.

Bodo Schick entdeckte nun bei seinen Untersuchungen am Breitblättrigen Knabenkraut am Pollinarium ein Häutchen, das er Frenikelplättchen nennt. Experimente damit brachten ihn der Erkenntnis über die Mechanik der Bewegung näher.

Der bald nach dem Öffnen der Blüte aus der Lippe tretende Nektar hat einen hohen Anteil an Zucker. Wird er nicht von Insekten abgeleckt oder vom Regen abgewaschen, kristallisiert er in wenigen Tagen.

Diese beiden Bildseiten zeigen eine Auswahl der vielen mit Pollinien bestückten Insekten. Über zwanzig verschiedene Tiere wurden während der Film- und Fotoarbeiten am Großen Zweiblatt beobachtet. Mit Abstand die häufigsten Bestäuber waren die verschiedenen Schlupfwespen. Die Vielzahl und Häufigkeit dieser Besuche garantiert dieser Orchidee eine fast lückenlose Befruchtung.

*I*n der grünen Lippe des Großen Zweiblattes (Listera ovata) stecken die Pollenpakete unter einem weißen Häutchen, an dessen Spitze bei Berührung – hier mit einem Grashalm – innerhalb von Sekundenbruchteilen ein Klebstofftropfen ausgepreßt wird. Die Pollinien lassen sich so aus ihrer Befestigung herausziehen.

Er heftete das Pollinarium auf einen Objektträger und zog nun mit der Pinzette an dem Stielchen zwischen Klebescheibe und Pollenmassen, dem Freniculum. Und was geschah? Es streckte sich augenblicklich in die Länge. Dann hob es sich von der Klebescheibe ab. Nur das Hautplättchen verblieb an der Klebescheibe selbst, und »wahrscheinlich ist es wesentlich an der Bewegung beteiligt«[3]. Die Klebescheibe ist bekanntlich differenziert in eine harte und in eine klebrige Zone. Das Stielchen sitzt an der harten Rückseite auf Ansatzzellen, die wie ein Sims oder Vorsprung wirken. In diesen Ansatzzellen, dem Frenikelplättchen, ist die Ursache für die Bewegung zu finden. Die Bewegung selbst ist eine 90-Grad-Drehung, durch die Pollenmassen von einer zur anderen Etage befördert werden und somit in eine bestäubungsfähige Position.[4] Im Labor kann man diese Bewegung künstlich veranlassen. Dabei kippt, sobald man das Stielchen festhält, die Klebescheibe aus eigener Kraft zu ihm hin.

Noch aufregender als dieser Vorgang ist ein Spritzapparat beim Großen Zweiblatt (Listera ovata), das bei uns noch häufig vorkommt. Es gehört zu den »Aschenbrödeln« unter den heimischen Orchideen. Zwischen den Gräsern in seiner Umgebung ist es kaum auszumachen. Im Spätsommer sind seine Stengel meist dicht mit prall gefüllten Samenkapseln behangen. Die Blüte, die sich etwa binnen zehn Stunden entfaltet, besitzt eine an der Spitze geteilte Lippe mit einer erhöhten Rippe im Zentrum. An ihr bilden sich bald nach dem Öffnen Nektartröpfchen. Auch in einen dicht unter dem Säulchen befindlichen Napf quillt die klare, zuckerhaltige Ausscheidung hinein.

Ein solches Nahrungsangebot lockt natürlich die verschiedenen Insekten zu der leicht zugänglichen Futterquelle. Der Zuckeranteil in diesem Nektar ist so hoch, daß er, wird er nicht abgeleckt, auf der Lippe in wenigen Tagen kristallisiert. Die Insekten beginnen meist am unteren Lippenteil mit der Aufnahme der Nahrung und werden so, dem Nektarfluß folgend, zum Zentrum der Blüte mit den Befruchtungsorganen geführt. Beim geringsten Berührungsreiz spritzt dort eine Ampulle, die zwischen Narbe und Pollinium sitzt, ihren Klebstoff aus. Der milchigtrübe Saft heftet sich bei unserer Blüte meist an Schlupfwespenköpfe, die auf der Lippe landen und vom Nektar naschen. Der Kleber quillt auf solche Weise aus der Ampulle, daß er auch die Pollinienspitzen erfaßt und diese mit dem Wespenkopf verbindet. Bodo Schick zeigte uns einen Filmstreifen, auf dem der sekundenschnelle Austritt des Klebetropfens beobachtet werden konnte, sobald unser Mann die Rostellspitze mit einem Streichholz berührte.

Der Austritt des Klebstoffs läuft innerhalb eines Fünfzigstels einer Sekunde ab. Dabei »erweist sich die massive, zelluloseverdickte Substanz als ein ›Hebel‹, der beim Herausdrücken die dünnwandige, vorgeformte Aufbruchstelle aufreißt: Die darunterliegenden Spritzensockelzellen dienen ihm als Widerlager. Die starke Krümmung der Ampullenzellenspitzen legt diese funktionsgerecht in die Nektarpassage.«[5]

*D*ie Pollinien eines Staubbeutels mit ihrer klebrigen Befestigung bilden ein Pollinarium. Dieses Gebilde zeigt nach seiner Entfernung aus der Blüte eine charakteristische und sehr zielgerichtete Bewegung, was der unvergleichliche Naturbeobachter Charles Darwin schon 1888 bemerkt hat. Ohne diese Verformung würde nämlich das Pollinarium auf dem Kopf des Bestäubers beim nächsten Blütenbesuch nicht die Narbe treffen, sondern neben dieser vorbei wieder auf ein Pollinarium stoßen. So zweckmäßig diese Krümmungsbewegung ist – die sinnvolle Ausrichtung eines von der Pflanze losgelösten Organteils bleibt ein Geheimnis.

Unkontrollierte »Schüsse« sind bei solch ausgeklügelter Biotechnik ausgeschlossen. Wieder und wieder reizte nämlich der Botaniker die Zweiblattblüte, um einen Fehlschuß zu provozieren. Aber immer wieder stieg der Klebstoff senkrecht zur Achse des mittleren Narbenlappens, der Rostellachse, in den Ampullenzellen hoch, und im Herausquellen aus der Mündung der Spritze erfaßte er regelmäßig die Polliniensptizen.

Bodo Schick hat jeden »Schritt« der Blüte vom Augenblick der Berührung an genau gefilmt und protokolliert: Wird sie gereizt, bewegt sich die Rostellspitze nach unten, und ihre Ränder bewegen sich nach außen. Der Sockel des Rostells zieht sich leicht zusammen. Und das schnelle Herausquellen des Klebers, wie kommt das zustande? Welche Kräfte werden da wirksam?

Der Beobachter vergleicht die Ampullenzellen mit einem prallgefüllten Wasserschlauch, auf dessen Stopfen der Wasserdruck lastet. Entfernt man den Stopfen, schießt das Wasser heraus. Dies etwa geschieht bei der Berührung der Spitze der Ampullenzellen, wobei der »Stopfen« hier in einer zelluloseverdickten Spitze besteht.

Die Zellwände sind durch ihren Inhalt etwas überdehnt und haben – wie Gummi – das Bestreben, sich wieder auf ihre normale Größe zusammenzuziehen. Ist dies die ganze Antwort? Auch nach seiner Versuchsserie gesteht Bodo Schick: »Welcher Art die Kräfte sind, die die Extrusion des Klebstoffs verursachen, bleibt vorerst noch ungeklärt.«[6]

Dieses Geheimnis der Orchideen wurde also nur zum Teil gelüftet, und neue Rätsel werden mit neuen Entdeckungen hinzukommen. Denn noch immer blühen wohl einige tausend Arten im Verborgenen, vor allem in den Tropen Südamerikas.

6 *Auf der Jagd nach der Blauen Blume*

Als die Spanier unter Francisco Pizarro im 16. Jahrhundert die Anden Südamerikas eroberten, hatten sie meist ein Ziel vor Augen: Gold, Silber und Edelsteine. Und wann immer Expeditionen aus Europa und Nordamerika seither das Tropengebirge durchstreiften, waren sie auf der Suche nach Schätzen. Die Expeditionen Alexander von Humboldts, La Condamines und einiger anderer Forscher waren die Ausnahmen, die die Regel bestätigen.

Im 19. Jahrhundert, nach dem Ende der spanischen Kolonialherrschaft, kamen neue Glücksritter nach Kolumbien, Ecuador und Peru. Und einige von ihnen jagten, wie wir schon wissen, auch ganz neuen Schätzen nach, den tropischen Orchideen für die Reichen. Der Raubbau an den kostbaren Pflanzen nahm damals seinen Anfang. Er steigerte sich über die Jahrzehnte und wäre wohl heute noch in vollem Gange, gäbe es das Washingtoner Artenschutzabkommen nicht. Alexander Hirtz ist einer der wenigen Männer, denen die Behörden in Ecuador das Sammeln und Versenden von Orchideen zu wissenschaftlichen Zwecken erlauben.

Und diese Arbeit ist trotz der strengen Naturschutzgesetze und internationaler Solidarität ein fast aussichtsloser Wettlauf mit der Zeit. Denn immer neue Straßen zerschneiden die noch unerschlossenen Landschaften in den Kordilleren wie in Amazonien und bereiten die Erschließung des Bodens vor. Die neuen Straßen aber bedeuten den Tod der Wildnis und den Tod auch jener Orchideen, die die Menschheit noch nicht einmal kennt. Das erfuhr ich schon auf meiner ersten Reise ins Orchideenrevier, die ich 1983 mit Alexander Hirtz unternahm.

Die hoch in den Bäumen wachsenden Orchideen entziehen sich meist dem suchenden Auge. Die oft geringe Größe von wenigen Millimetern lassen solche Blüten im Urwaldgewirr untergehen. Erst die Vergrößerung durch das Fotoobjektiv rückt die zauberhafte Schönheit dieser faszinierenden Winzlinge ins rechte Licht.

Neue Orchideen am Rio Toachi

Ich sage mit Begeisterung zu, als Alexander Hirtz mich in Quito »zur Orchideenjagd« einlädt. Ein paar Tage später fahren wir im Morgengrauen durch die schlafende Stadt, sind, ehe die große Blechlawine rollt, aus der Metropole heraus und auf der Panamericana-Süd. Sie folgt im Hochtal nahe den Vulkanen einer alten Inka-Route, die über die großen Städte Latacunga, Ambato und Cuenca in den Süden des Landes führt. Wir folgen ihr aber nur bis kurz vor Latacunga und biegen in eine Straße ein, die sich nach Überwindung der Paßhöhe zur Pazifikküste hinabschlängelt. Mein Begleiter meint, die Hänge links und rechts der Straße seien das vielleicht beste Orchideenrevier der Welt: »Ich möchte meinen Bart darauf verwetten, daß wir mindestens eine Art entdecken werden.« Ich habe nichts Gleichwertiges gegen diesen schönen Bart zu setzen und schon gar nichts gegen so viel Zuversicht.

Als unser Wagen über den 3200 Meter hohen Paß klettert, macht sich der Sauerstoffmangel bemerkbar. Dem Motor fehlt der Sauerstoff zur Verbrennung und mir zum Atmen. Ins Führerhaus dringt die kühle Feuchtigkeit des feinen Nebels, der in Spiralen die Andenhänge hinaufkriecht. Dem Deutsch-Ecuadorianer Alexander Hirtz macht das nichts aus. Für ihn hat die Orchideenjagd schon begonnen, und er hat trotz der schwierigen Strecke alle Sinne auf die steilen Berglehnen am Straßenschnitt gerichtet.

»Warum suchst du die Orchideen hier am Straßenschnitt und nicht in der Wildnis?« möchte ich wissen.

»Erst einmal, weil sich diese Straße hier vom Hochland über den Nebelwald bis hinab zum Regenwald windet, dann die feuchtheißen Niederungen durchläuft und schließlich die trockene Küste erreicht. Das sind fast alle möglichen Klimazonen, in denen Orchideen vorkommen. Genauso wichtig aber ist eine zweite Voraussetzung. Die Orchideen suchen das Licht, und das finden sie hier reichlicher als im dichten Wald, wo sie sich erst gegen konkurrierende Pflanzen durchsetzen müssen. Von den vielen Arten, die wir kennen, ist der weitaus geringste Teil in den tropischen Wäldern entdeckt worden. Dort müßten die Botaniker ja auch wie die Affen durch den Kronenraum wandern, den die Orchideen hauptsächlich besiedeln.

Unterwegs zu jenen bis heute unberührten Condor-Nebelwäldern, die im Grenzgebiet zwischen Ecuador und Peru noch zu erforschen sind, überquert das Botanikerteam die bereits erschlossenen Andenhöhen auf schmalen Pisten südwärts.

Als hier vor Jahrzehnten die Trasse für die Bananenstraße zwischen Quito und Guayaquil in den Berg gebaggert und gesprengt wurde, waren die Orchideen die ersten Pflanzen, die in der Vegetationsnarbe siedelten. Vom fünften Jahr nach dem Bau an herrschten dann die besten Verhältnisse. Orchideen wurden die dominierenden Pflanzen. Es gibt heute noch Hunderttausende.«

Auf der Ladefläche unserer Cambionetta stehen Kartons für die Pflanzen bereit und Fläschchen mit Alkohol, in die nur Blüten kommen sollen. Im Alkohol werden die Blüten zwar weiß, ihre Form aber bleibt für die wissenschaftliche Beschreibung und Bestimmung erhalten. Früher wurden die Pflanzen nur gepreßt und in Herbarblättern aufbewahrt. Wollte man zum Beispiel sichergehen, daß eine soeben entdeckte Art wirklich neu und nicht etwa schon in den großen Herbarien in London oder Wien vorhanden war, mußte man die gepreßten Blüten aus den Herbarblättern im Wasser aufquellen lassen, damit sie für einen Vergleich halbwegs ihre ursprüngliche Gestalt annahmen.

Mein Begleiter trägt für die Exkursion in die Hänge lange Hosen aus festem Leder und Halbschäfte mit gutem Kletterprofil. Er weiß um die böse Wirkung von Kakteenstacheln und Dornen. Auch ich trage Kletterstiefel aus Büffelhaut. Am Rio Toachi, der auf der Höhe der »Augenbraue« der Anden fließt, wollen wir ein neues Orchideenrevier erschließen. Je weiter sich die Straße die Kordilleren hinabwindet, desto wärmer und feuchter wird die Luft. An den Berghängen links und rechts der Straße hat der ursprüngliche Nebelwald nur noch wenige Reservate, wo steil abstürzende Schluchten den Menschen am Siedeln hindern. Überall sehen wir Brandrodungen und die Felder von Kleinbauern. Orchideen wachsen hier nur noch an felsigen Abhängen, die von der Straße abgeschnitten sind. Dort ist auch der Königsbambus, der schnell jeden Lichtschacht besiedelt, ein sicheres Indiz für Sekundärwuchs.

Hinter der Ortschaft Tandapi, die noch etwa tausend Meter über dem Meer liegt, biegen wir von der »Bananenstraße« in einen parallel zum Rio Toachi verlaufenden Weg ein, der einem steinigen, trockengefallenen Flußbett gleicht. Hier suchen wir im Buschdickicht einen Durchschlupf zur Ufergalerie der Bäume.

*E*s müssen die winzigsten Insekten sein – so wenig bekannt wie diese erst heute entdeckte Kleinorchidee (Pleurothalis cypripediodes, Luer) –, die sich als Bestäuber unter dem behaarten Rand der löffelförmigen Lippe verfangen. Mit ihrem ebenfalls haarbesetzten Deckel, dem oberen Kelchblatt, erinnert die Falle an unseren Sonnentau, eine fleisch-fressende Sumpfpflanze.

Wir finden ihn in einem Pfad, den sich vermutlich Angler geschlagen haben. Der Orchideenjäger rutscht geübt auf dem Boden seiner Lederhose in das glitschige Loch zwischen dem Rankenwerk der Windengewächse hinein. Mich warnt er davor, an Ästen oder Lianen Halt zu suchen: »Damit könntest du Riesenameisen und Giftschlangen auf dein Haupt herabschütteln!« Da kann ich also sehen, wo ich bleibe. Irgendwie, mehr fallend als gehend, komme ich doch hinunter zum Ufer. Ich finde meinen Freund bereits bäuchlings auf dem unteren Ast eines mächtigen Gummibaumes liegen. Der Lufthauch über der rasanten Strömung zerrt an den unteren Blättern des auf das Flußbett hinuntergebeugten Astes. Und wofür geht Alexander Hirtz das ganze Risiko seiner Kletterpartie ein? Für eine ziemlich unansehnliche Orchidee mit winzigen weißen Blüten und großen runden, fleischigen Blättern.

Vorsichtig löst er die Pflanze mit ihren Wurzeln und allem, was daran haftet, aus der Astgabel und läßt sie in meine Hände fallen: »Ich bin sicher, dies ist eine neue Art«, sagt er, als er wieder auf festem Boden steht.

Auf dem vom Wasser blank polierten, seifig wirkenden Schiefer setzen wir die Exkursion am Rio Toachi fort. Alexander Hirtz behält dabei ständig die nässetriefende Wand und das Astwerk über uns im Auge. Als nächste Pflanze entdeckt er eine Orchidee, die ihre winzigen, hauchzarten Blüten rosettenartig auf der Blattunterseite trägt und so vor intensiver Sonnenbestrahlung schützt. Auch sie kommt zum Sammelgut.

Einer Frauenschuh-Orchidee, die schon reife Samenkapseln aufweist, helfen wir ganz nebenbei zu größerer Vermehrung. Wir öffnen die pralle Kapsel, und heraus quellen winzige Samenstäubchen: »Sie sind so leicht, daß vielleicht 20 000 auf ein Gramm kommen«, meint Alexander Hirtz. Schon der leiseste Atemhauch bewegt sie. Wir blasen über die Stäubchen in unserer Hand und sehen die Winzlinge kaum noch. Ihre Flugfähigkeit wird durch Lufteinschlüsse noch erhöht.

Die nächsten Orchideen, die ich kennenlerne, tragen kaum stecknadelgroße Blüten. Sie gehören der seltenen Gattung Stellilabium an. Wir finden auf etwa einem Quadratkilometer 15 davon. Alexander Hirtz benötigt eine gute Stunde dafür. Leichter zu entdecken ist eine Sobralienart, deren große weiße Blüten acht Stunden nicht überdauern. Dafür entfaltet die Orchidee jeden Tag neue.

An Maiglöckchen gemahnend, zwanglos mit roten Marken betupft, hängen diese fahlweißen, rasch vergänglichen Blüten an der Spitze eines zerbrechlichen Stiels. Ihre Blütengeometrie täuscht Vierzähligkeit vor. (Schlimmia condoroana, Dodson)

Über den Nebel ragt eine mit Epiphyten überfüllte Baumkrone. Vielleicht einer unter tausend Bäumen bietet derart ideale Verhältnisse für einen vielfältigen Aufwuchs. Zuweilen sind sie an feuchten Bergkämmen zu finden, dann wieder in einer durchnäßten Schlucht oder – wie hier – an einer neu angelegten, durch unberührten Primärwald führenden Piste.

Ich bin sehr stolz, als ich endlich zwischen den Moosen und Farnen auf einer feuchten Felswand »meine« Orchidee ausmache. Nicht, daß sie der Wissenschaft nicht schon bekannt wäre. Nein, das nicht. Ich habe sie nur von uns beiden als erster gesehen – bilde ich mir jedenfalls ein. Mein Begleiter identifiziert sie als ein besonders schönes Exemplar einer Frauenschuh-Art. Sie heißt Phragmipedilum longiflorum. Am Ende des Vormittags verstauen wir 14 verschiedene Pflanzen auf der Ladefläche des Autos. Welche davon indessen wirklich neu sind, wird sich noch herausstellen. Ich bin froh, daß uns keine giftige Buschmeister ansprang, deren Revier hier sein soll. Die einzigen Blessuren, die wir davongetragen haben, sind die Einstiche zahlreicher Moskitos. Bei mir befinden sie sich merkwürdigerweise alle auf den Ellenbogen.

Obwohl wir erst bei Dunkelheit verschmutzt, verschwitzt und hundemüde in Quito ankommen, geht Alexander Hirtz nicht schlafen, sondern ist noch bis weit nach Mitternacht damit beschäftigt, »Erntegut« zu pressen, Blüten in Alkohol einzulegen und einzelne Exemplare im Gewächshaus einzupflanzen. Alle Funde werden dabei fotografiert. Von der Ausbeute »verdächtigt« Hirtz wenigstens vier Arten, »neu« zu sein. Sie sind nicht spektakulär und wegen ihrer winzigen Blüten wohl nur für Botaniker interessant. Ich bin gespannt, ob Grund zur Entdeckerfreude besteht.
Am nächsten Morgen schon ruft mein Freund triumphierend bei mir in der Pension an. Er hat die »Verdächtigen« in einem dickleibigen Standardwerk sowie anhand der neuesten Computerprints überprüft: »Zwei sind mit Sicherheit neu. Die rankende Orchidee mit den tubusförmigen gelben Blüten und die Pflanze mit den großen, runden, fleischigen Blättern, die wir am Toachi gefunden haben, sind noch nirgendwo beschrieben.«
Mein Freund wird sie dem Spezialisten Calaway Dodson schicken. Vorläufig heißen sie Pleurothallis sp. nov. und Campilocentrum sp. nov.

Das große Orchideensterben in den Tropen

Auf weiteren Sammelfahrten lerne ich immer neue Landschaften kennen, in denen Orchideen wachsen. Hier, im Westen Südamerikas, finden wir Orchideen auf fast allen Höhenstufen: in den Paßzonen nahe der Schneegrenze, auf den verschiedenen Klimazonen der Berghänge, in der heißen Trockensteppe an der Küste sowie – auf der Ostseite der Anden – in den Regenwäldern Amazoniens. Sie wachsen auf den Wipfeln der Bäume, auf Felsen und auf dem Boden. Sogar am Rand des schlammigen Weges finden wir sie. Aber das täuscht den Fachmann nicht. Er weiß, welch hohe Ansprüche sie an ihr Habitat stellen.
In den folgenden vier Jahren nach unserer ersten gemeinsamen Exkursion zum Rio Toachi zerstörte der Mensch zum Beispiel fast alle Lebensräume der Orchideen dort und an der »Bananenstraße« Quito–Santo Domingo–Guayaquil. Damit ein paar Sack Mais oder Maniok geerntet werden konnten, mußten hier zahllose Pflanzen sterben. Aber nicht nur hier.
Immer neue Straßen erschließen in Ecuador, Kolumbien, Peru, Brasilien und in anderen »Orchideenländern« Südamerikas schon die letzten Winkel. Sie zerschneiden die bewaldeten Hänge und bereiten der Erosion den Boden vor; denn wenn die schweren Regenfälle, die für die Inneren Tropen charakteristisch sind, erst die Vegetation in die Flüsse gerissen haben, bleibt bald nur noch nackte Erde zurück. Und für alle seine unüberlegten, unkontrollierten Eingriffe erhält der Mensch die Quittung.

Alexander Hirtz, der das Land seit über 25 Jahren bereist, hat alle diese Veränderungen festgestellt. Auf den Berggipfeln ziehen sich die großen Gletscher immer weiter zurück. Berge wie der Tungurahua, der Chiles und der Cotocachi haben schon keine Gletscher mehr. Auf berühmten Vulkanen wie dem Illiniza, dem Chimborazo und dem Cotopaxi kommen in jedem Jahr größere Felsflächen zum Vorschein. Urwaldtäler, die seit längerer Zeit durch Straßen erschlossen sind, haben in jedem Jahr ausgedehntere Trockenperioden, und empfindliche Pflanzen sterben dadurch aus.

Wie hängt das zusammen? Nachdem selbst die Kammwälder der Anden abgeholzt wurden, blieb der aus den Niederungen heraufziehende Nebel nicht mehr in den Bergspitzen hängen. Die Urwaldflüsse führten bald weniger Wasser, die Wassertafel der Anden sank.

Auch die großen, aus der Tiefe Amazoniens heraufziehenden Wolkenfelder wurden von den Bergen nicht mehr aufgehalten, sondern wanderten dem Meer zu, wo sie mit den Pazifikwolken zusammenprallten. Wenn es nun regnete, stürzten die Regenfälle meist aus großer Höhe herab und waren kurz, aber heftig. Früher garantierten niedrige Wolkenschichten längeren Regen, und kleine Tropfen, die aus geringer Höhe fielen, waren gut für das Wachstum. Durch die schweren Regenfälle nun wurde der schon durch die Abholzungen angegriffene Boden noch schneller ausgewaschen, der Wasserlauf zu den Flüssen im Tal beschleunigt. Die Flüsse schwollen an und verschlammten. Auf der Pazifikseite setzten sie immer mehr Schwemmgut in ihrem Delta ab. Durch die verkürzten Verdunstungszeiten verlor sich die Feuchtigkeit in der Luft schon nach wenigen Stunden Sonnenschein. Die restliche natürliche Pflanzendecke vertrocknete, Erosion und Verkarstung breiteten sich aus.

Die Pazifikseite der Anden und das Gebirgsvorland sind ohnehin bis tief hinein in die Flußniederungen des Rio Babahoyo und des Rio Guayas das Reich der Nutzpflanzen. Hazienden von 3000 Hektar und mehr sind vor allem den Bananen, dem Reis und den Ölpalmen reserviert, in geringerem Maße dem Zuckerrohr, dem Mais und den Weiden für die Brahman-Rinder. Viele der großen Hazienden haben eigene Air-strips, auf denen Flugzeugstaffeln für die Schädlingsbekämpfung landen können. Die Piloten sind mutig genug, zum Teil mit uralten Gruman-Motoren aus dem Zweiten Weltkrieg zu fliegen, wie man sie in den US-Marineflugzeugen eingebaut hat. Sie fliegen flächendeckende Angriffe gegen Insekten, Pilze und »Unkraut«. Aus den Düsen am hinteren Ende ihrer Tragflächen sprühen die Maschinen Insektizide, Fungizide und Herbizide. Was immer gefragt ist. Darunter sind Mittel, deren Einsatz wegen ihrer Gefährlichkeit in Europa oder Nordamerika längst verboten ist.

Die winzigen Neuentdeckungen aus dem Condor-Gebirge im Grenzgebiet zwischen Ecuador und Peru zeigen sich unter der Lupe als wahre Kleinodien, die wohl im Verlauf der Evolution ein insulares Dasein entwickelt und sich hier isoliert haben. Es besteht kaum Aussicht, dieselbe Art anderswo wiederzufinden (Platystele sp. nov.).

An dem tödlichen Stoff vergiften sich auch immer wieder Piloten und landwirtschaftliche Arbeiter. Da haben Pflanzen und Tiere erst recht keine Chance. Über den Flüssen in dieser Landschaft wurden nur noch einige ganz wenige Galeriewälder bewahrt, die aber kaum bestehen können, weil die gewaltigen Veränderungen auch einen Wandel im Klima zur Folge haben, der die ursprüngliche Vegetation zerstört. Calaway Dodson, auf dessen Hazienda am Rio Palenque noch hundert Hektar Resturwald stehen, weist uns auf noch andere Gefahren hin: »Ich habe die Orchideen in Ecuador seit mehr als dreißig Jahren studiert und gerade in dieser Gegend besondere Erfahrungen gesammelt. Wenn die Bauern Insektizide in der weiteren Umgebung spritzen, töten sie die Insekten und damit – das ist keine Frage – auch die Orchideen. Die Tatsache, daß Orchideen durch besondere Insekten bestäubt werden – manche werden nur von einer einzigen Art besucht –, bedeutet: Mit den eliminierten Bestäubern verschwinden die Orchideen. Selbst wenn wie hier einzelne Bäume voller Orchideen in der Landschaft stehengeblieben sind, werden die Orchideen aussterben.« Das sagte er uns besorgt, als Karlheinz Baumann und ich ihn im Januar 1987 besuchten, um ihn mit Robert Staub, Alexander Hirtz und Carlyle Luer zusammen zu einer Expedition abzuholen, die in eine der letzten ursprünglichen Landschaften Ecuadors führen sollte, zudem in eine Wildnis, in die bis dahin außer Hirtz noch kein Botaniker vorgedrungen war.

Entdeckerglück auf der Condor-Kordillere in 2500 m Höhe: Alexander Hirtz präsentiert Carlyle Luer seine Funde hoch über der steilen Böschung der in den Berg geschnittenen Straße.

Die Reise in die letzte Wildnis

Die Cordillera del Condor im Süden Ecuadors gehört zu den letzten Gebirgszügen im Land, die noch Pionierland sind. Dort soll es eine lehmige Piste geben, die in steilen Windungen vom Rio Zamora aus zu den Grenzposten hinaufläuft, wo Soldaten mit Blick nach Peru auf Wache stehen. Der Bergregenwald links und rechts der Fahrbahn, meint Alexander Hirtz, sei noch unberührt, keine Rodung, keine Pflanzung, keine Hütte machen der jahrtausendealten Pflanzenvielfalt den Boden streitig.

Am Sonnabend, dem 31. Januar, brachen wir auf. Der erste Teil der Strecke machte unseren geländekundigen Fahrern, Bernd Wiesner und Alexander Hirtz, keine Mühe. Drei Tage fuhren wir durch Landschaften, die lange vor den Inkas besiedelt und kultiviert worden waren. Städtenamen wie Quevedo, Babahoyo, Milagro und Machala sind auch die Namen ergiebiger archäologischer Fundplätze.

Von Machala aus überquerten wir die fruchtbaren Provinzen El Oro und Loja und erreichten am späten Abend eines verregneten Tages die Stadt Loja. Die Regenfälle waren vermutlich mit daran schuld, daß unsere kleine Karawane von einem Bergrutsch zerschnitten wurde. Das dritte Fahrzeug, das mit Professor Calaway Dodson an Bord einen Tag nach uns von der Hazienda »Rio Palenque« aufgebrochen war, hätte uns am 3. Februar einholen müssen. Wir machten uns Sorgen, denn auf der aufgeweichten Straße zwischen Loja und Zamora mußten wir immer wieder Steinschutt umfahren und manchmal auch Felsbrocken aus dem Weg räumen. Überall aus den Hängen stürzten kleine Wasserfälle und Bäche und schnitten böse Querrinnen in die Fahrbahn.

Jetzt wurde die Reise zur Tortur. Die Straße überwand den 2600 Meter hohen Paß über die Estribaciones del Tigre und wand sich in vielen Schleifen und Spitzkehren in die Talschlucht des Rio Zamora. Wenn wir während unseres Slaloms auf die bereits hinter uns liegenden Hänge blickten, sahen wir, wie sie von stürzenden Wassern bearbeitet wurden. An vielen Stellen waren ganze Waldstücke abgerutscht und hatten auf breiten Bahnen nur noch nackten Boden hinterlassen. Auf der letzten Strecke der Talfahrt prasselten schwere Wasserschwälle von hohen Felsnasen auf die Dächer unserer Autos. Wir waren froh, als wir die altersschwache Brücke über den gurgelnden Fluß überquert hatten.

Hinter der Brücke hielten wir das erste Mal an, weil Alexander Hirtz in der Wand über dem Fluß, wo die Luft von Feuchtigkeit gesättigt war, Orchideen vermutete. Der Regen störte ihn nicht, obwohl er mit seiner langen Wildlederhose, einer Lederweste und einem T-Shirt überhaupt nicht darauf eingerichtet war. Nach einer halben Stunde kam er mit einigen herrlich gelb blühenden Oncidium-Orchideen zurück. Er brachte sie eigentlich nur mit, weil er sich selbst und uns beweisen wollte, daß an der vermuteten Stelle Orchideen zu finden waren, einer der ganz wenigen Standorte noch in diesem zerstörten Tal. Der vierte Reisetag führte uns von Loja in der Provinz Zamora-Chinchipe nach Yanzatza, einem Nest, das mit seiner Sandstraße und den einfachen, mit Wellblech gedeckten Häusern ganz dem Bild einer Pioniersiedlung entsprach.

Auch in dem kleinen Hotel »Central« fühlten wir uns als Pioniere. Die Kammern waren mit nackten Glühbirnen beleuchtet, für den Fall, daß der Strom ausblieb, lagen Kerzen und Streichhölzer bereit. Für acht bis zehn Räume gab es auf dem Flur zwei Duschen, zwei Waschbecken und ein Klo. Zum Glück wurden unsere geräderten Körper nicht von Wanzen und Moskitos heimgesucht, wie wir es schon in Hotels besserer Kategorie erlebt hatten.

Am nächsten Morgen, nach einem Frühstück aus Hühnerbeinen, Reis und Coca-Cola, machten wir uns auf zur letzten Etappe. Über Los Enquentros und Chuchumbleza zur Cordillera del Condor! Die schmierige, manchmal ziegelrote Piste führt an vielen Fincas vorbei, deren Besitzer sich mit Bananen, Maniok, Apfelsinen, Limonen, mit Hühnern, Schweinen und manchmal auch mit ein paar Rindern wohl nur selbst versorgen konnten.

Auch in diesem Gebiet, das vor Jahren hauptsächlich von Jívaro-Indianern bewohnt war, wuchs kaum noch Primärwald. Wenn Alexander Hirtz kleinwüchsige, sehr alte Bäume entdeckte, deren bizarrer Putz aus Bromelien, Moospolstern und Bartflechten sie als bewährte Wirte auswies, suchte er auf ihnen nach Orchideen und fand auch meistens ein paar kleinwüchsige Arten. Nichts Neues. Nichts Sensationelles. Lange hielt er sich damit auch nicht auf, denn wir wollten noch am Vormittag verheißungsvolleres Gebiet erreichen. Doch unsere Pläne wurden durchkreuzt, als wir plötzlich, nach ein paar weiteren Fahrstunden, vor einer endlosen Autoschlange standen. Die Reisenden hatten sich offenbar auf einen längeren Aufenthalt eingerichtet. Viele saßen am Straßenrand, manche standen in Gruppen beisammen. Wir stiegen auch aus.

So stellt man sich eine epiphytische Orchidee vor: Prachtvolle Blütenstände, die aus ebenso stattlichem Blattwerk entspringen und von Baumriesen herabhängen. Die seltenen, wissenschaftlich kostbaren, neu entdeckten Arten dagegen wirken im Vergleich geradezu mikroskopisch. Im Moosüberzug der Äste verborgen, entziehen sie sich dem nicht geschulten Beobachter völlig.

Es ist ein Glücksfall, wenn man am Pistenrand auf einen dermaßen starken, vollständigen Orchideen-Blütenstand stößt. Eigentlich liegt der Lebensraum dieser Art (Odontoglossum angustatum) hoch oben im Geäst. Nach dem Fällen und Entfernen der Bäume erholen sich einige kräftige Epiphyten auf den am Boden liegenden Ästen, doch schon in einem Jahr werden sie hier überwuchert sein und eingehen.

Hinter der nächsten Wegbiegung konnten wir die Lage überblicken. Auf einer schmalen Brücke ohne Geländer hing ein großer Bus mit seinem vorderen Teil schräg über dem Abgrund. Wir beobachteten, wie die Fahrgäste durch die beiden Hintertüren hinausmanövriert wurden und sie sich dann, als wäre nichts geschehen, unter die Schaulustigen an den umliegenden Hügeln mischten. Die Szene hatte den Charakter einer bescheidenen Fiesta angenommen. Man lachte und scherzte, und einige junge Leute ließen ihre Kofferradios in voller Lautstärke spielen. Pärchen wiegten sich im Rhythmus jener immer allzu heftig vorgetragenen ecuadorianischen Schnulzen. Als wir uns dazugesellten, stand die Bergung des Busses unmittelbar bevor.

Ein Bulldozer und ein schwerer Lastkraftwagen schafften es schließlich mit Hilfe kräftiger Drahtseile, den Bus vom Abgrund zurückzuziehen, bis er wieder festen Boden unter den Rädern hatte.
Nach einer Weile begann sich der Stau aufzulösen, und wir fanden uns im Wirbel einer gnadenlosen Aufholjagd wieder, selbst hier, in der Mitte von Nirgendwo. Niemand rechnete offenbar mit Gegenverkehr und niemand mit der geringen Belastbarkeit der vielen alten und schlecht gewarteten Automobile. Am hartnäkkigsten war wieder der Busfahrer! Er donnerte mit achsenbrechendem Tempo über die sandige Carretera. Erst als er halten mußte, weil bei einer Finca Passagiere aussteigen wollten, konnten wir uns an ihm vorbeizwängen. Offenbar schien alle Welt hier Gott die Verantwortung über Leben und Tod zuzuweisen. »Dios guía mi camino«, stand in großen Lettern auf vielen Fahrzeugen zu lesen.

Es war fast Mittag, als wir hinter Chuchumbleza die Fähre erreichten, die uns über den vom Regen heftig angeschwollenen Rio Zamora bringen sollte. Braungelb strömte er zwischen den dunkelgrünen Waldwänden dahin. Er hatte noch nicht die Behäbigkeit, die er weiter unten im Tiefland, in Amazonien, erreichen würde.

*E*ine Masdevallia, die noch in keinem Buch steht, mit den drei verwachsenen äußeren Blütenblättern, die in pfriemliche Fortsätze ausgezogen sind. Die beiden inneren Kronblätter und die kleine Lippe bleiben im Kelchtrichter verborgen. Moosblätter, zwischen denen die Pflanze wurzelt, vermitteln eine Größenvorstellung (Masdevallia corderuana, Luer).

In der Cordillera del Condor

Die Cordillera del Condor also: Diese bescheidene Berggruppe wird in Ecuador neben den Gebirgssträngen der Cordillera del Oriental und der West-Kordillere als dritte Kordillere angesehen, obwohl sie mit ihren mäßigen Erhebungen nicht viel entgegenzusetzen hat. Auf der Pontonfähre waren unsere Fahrzeuge die einzigen. Ein kräftiger Schlepper, der backbord festgemacht hatte, nahm den Ponton ein Stück mit hinaus und drehte ihn an der Flußmitte in die Strömung, die ihn ein paar hundert Meter weit abtrieb. Während die Fähre eine flache Stelle in der Uferböschung ansteuerte, mußte ich an die großen Flußreiseabenteuer der Vergangenheit denken.

An Francisco de Orellana, der sich 1542 mit seinen Spaniern ins sagenhafte »Zimtland« tragen lassen wollte und dabei den »Rio de las Amazonas« entdeckte. An den Jesuitenpater Samuel Fritz, der 1689 die große Erkundung des Flusses wagte und bis nach Pará hinabfuhr. An Charles-Maria de La Condamine, der im Jahre 1743 von Quito aus zu jener Amazonas-Expedition aufbrach, von der der Forscher Karl Friedrich Philipp von Martius sagte: »Von allen Reisen, welche auf dem Amazonas ausgeführt wurden, die kürzeste, hat sie der Wissenschaft die meisten Resultate geliefert.«

Da waren unsere Ziele vergleichsweise bescheiden. Ein kühler Luftzug empfing uns am Ufer. Die Straße, die wir hinauffuhren, war tief gefurcht von den Reifen und Ketten schwerer Militär- und Baufahrzeuge. Sie war nur wenige Kilometer lang und offenbar von ausschließlich strategischer Bedeutung. Jenseits des Passes endete sie. Und jenseits des nächsten Tals, auf den gegenüberliegenden Höhen, saßen die Peruaner. Obwohl die beiden Nachbarn im Andenpakt miteinander verbunden sind, sind sie sich doch nicht grün. Ecuador hat nach einem verlorenen Krieg Gebietsverluste erlitten und mußte durch das »Protokoll von Rio de Janeiro« 1942 einen Grenzverlauf hinnehmen, den seine Politiker bis zum heutigen Tag nicht als endgültig akzeptieren.

Dies also war Grenzgebiet. Vor ein paar Jahren hatten die Ecuadorianer festgestellt, daß peruanische Siedler sich auf ihrer Seite niederlassen wollten. Es war zu einem kurzen Schlagabtausch zwischen den Grenztruppen gekommen, der zum Glück ein schnelles Ende gefunden hatte. Daher wohl jetzt die neue Straße.
An den Urwaldwänden links und rechts der Straße hatte entgegen unseren Erwartungen auch schon ein Krieg getobt, ein Krieg des Menschen gegen die Natur. Besonders an manchen Stellen auf der steilen rechten Seite sah es aus, als habe eine Bombe ein gewaltiges Haus vom Keller bis zum Dach mit allen Etagen aufgerissen. Hier hatten die Bulldozer ganze Arbeit getan. Aus der zehn Meter hoch über uns aufsteigenden und senkrecht abgeschnittenen Wand ragten von vorzeitlichen Flüssen rundgeschliffene Steine heraus. Wo sie auf die Straße hinuntergestürzt waren, hatten sie runde Höhlungen hinterlassen. Auf dem Böschungskamm sahen wir die Wurzeln von Baumriesen hilflos ins Leere greifen. Dazwischen hatten sich schon Bromelien eingerichtet.
Auf der linken Straßenseite stand der Wald zunächst auf einer Ebene mit der Fahrbahn und stieg dann allmählich in ein Tal hinunter. Hier war das ideale Revier für unsere Orchideenjäger, denn die dem Wald geschlagene Wunde legte von der Krautschicht über die Strauchschicht bis zu den verschiedenen Wipfelformen des Kronenraums das ganze Pflanzenflechtwerk mit Lianen, Sprossen, Luftwurzeln und Aufsitzerpflanzen frei.
Im tiefsten Dunkel des Urwalds waren die Blätter der Pflanzen eher blau als grün. Blaue Farbteilchen in der Epidermis begünstigten hier das Herausfiltern des gelben Lichts, das für die Assimilation benötigt wird. Viele Pflanzen, darunter die samtblättrige Begonia, die dem Schattendasein angepaßt sind, waren aber schon verwelkt. Die Krautschicht, zu der auch viele Farne gehören, erreichte bis zu sechs Meter Höhe und setzte sich damit kaum gegen die Strauchschicht ab. Diese wiederum wurde vor allem von Schößlingen der Bäume und von Kräutern eingenommen, die mit übergroßen Blättern jeden Strahl auffingen, der den Kronenraum durchdringen konnte. Der Kronenraum mit seinen Schirm-, Schmalkegel- und Spindelwipfeln hatte fünf oder mehr Etagen. Er wurde voll ausgenutzt und nahm normalerweise fast alles Licht in Anspruch. Nur etwa ein Prozent der Lichtmenge erreicht sonst überhaupt den Boden. Hier aber gab der neue, breite Lichtschacht am Waldsaum manchen Pflanzen so lange neue Wachstumschancen, bis sie durch die Extreme von allzuviel Sonnenlicht und Feuchtigkeitsverlust zerstört sein würden. Auch die Orchideen erlebten eine zum Sterben schöne Blütezeit.

*F*orm, Farbe, Größe und Funktion von Orchideenblüten variieren sozusagen als Merkmale mit maximaler Freiheit in über 20 000 Spielarten. Auch die schlichtesten unter den neu entdeckten Arten wirken unvermittelt überraschend. Man möchte am Standort verweilen, um die besonderen Gegebenheiten der Umwelt, vielleicht der Art entsprechende Bestäuber, zu finden, die einen Zusammenhang zwischen Bau und Funktion erhellen würden. Doch zumeist bleibt die Gestalt ein Rätsel.

*N*ach beschwerlichem Tagespensum gelingt nächtlicherweile doch noch manches Porträt einer durchschimmernd zarten Kleinorchidee. Sie wäre am nächsten Morgen schon verwelkt – die erste und vielleicht die letzte ihrer Art (Macroclinium sp. nov.).

Ein spektakulärer Fund

Wir hielten an, als Alexander Hirtz am Straßenrand eine der großblütigen Maxilaria-Orchideen wiederfand, die er vor einigen Monaten schon bei seiner ersten Expedition in diese Gegend entdeckt hatte. Eigentlich wuchs sie »epiphytisch« auf Bäumen. Ihr Wirt aber war gefällt worden, so daß ihr nur noch seine Äste, die auf dem Boden lagen, als Wirtsraum dienten. So konnte man sie für eine Erdorchidee halten.

Diese Orchidee hätten auch Laien entdecken können. Aber so großblütig sind selbst bei den tropischen Arten die wenigsten, und es gab auch hier nur wenige Bäume, auf denen man überhaupt Orchideen finden konnte. Unter tausend manchmal einen. Gedieh auf diesem Baum aber der Pilz, der den Orchideensamen Nährstoffe aufschließt, trug er manchmal gleich zwanzig bis dreißig Orchideenarten.

Man mußte nicht immer hoch hinauf, um der Wissenschaft zu dienen. Alexander Hirtz schnitt sich aus einem stangendünnen jungen Baum einen acht, neun Meter langen Stecken, und zwar so, daß das Ende mit einem Ast einen Haken bildete. Mit diesem Gerät holte er sehr geschickt Orchideen und auch Bromelien aus den Astgabeln herunter.

Bald erschien ihm der Waldrand nicht mehr ergiebig genug zum Sammeln, und er drängte in den Wald hinein. Das war nicht ohne Risiko. Man konnte sich an dem trügerischen Hang mit seinen Fußangeln und Stegen, die, weil sie bis auf die Rinde verfault waren, plötzlich nachgaben, den Hals brechen. Außerdem: Wer wußte schon immer, welches der vielen unbekannten Insekten harmlos war und welches den Eindringling voller Blutgier überfiel. Da sahen die gefährlichen oft harmlos und die harmlosen oft gefährlich aus.

Diese bunten und bizarren Kleinlebewesen, von denen viele auch noch auf ihre »Entdecker« warteten, waren beinahe die einzigen Tiere, die wir auf unserer Exkursion zu sehen bekamen. Die meisten lebten so versteckt oder tarnten sich so perfekt, daß man den Eindruck gewann, der Regenwald wäre arm an Arten. Dabei war das Gegenteil der Fall.

Zum Glück entgingen Orchideen, die auch im Verborgenen blühten, den geschulten Augen unserer Forscher nicht: »Ich sehe«, sagte Alexander Hirtz, »die Orchideen in der dichtesten Pflanzenwirrnis.

Entweder ist das Gehirn ein viel besserer Computer, als wir denken, und hat somit mehr Erfahrungen gespeichert, als uns bewußt wird, oder es gibt so etwas wie Telepathie zwischen Mensch und Pflanze. Das heißt, die Pflanzen haben eine bestimmte Aura, die mich über größere Entfernungen erreicht.« Ähnlich erging es Carlyle Luer, der sich mit bewunderungswürdiger Sicherheit durch das Dickicht bewegte. Wenn der fast siebzigjährige Orchideenspezialist auf einem umgestürzten Baumstamm, der eine Brücke über einen wilden Bachlauf schlug, eine noch so unscheinbare Orchidee entdeckte, setzte er sich rittlings darauf und schob sich bis zu der Stelle vor, wo sie saß. Luer war in Sarasota, Florida, ein hochangesehener Chirurg, hatte aber auch als Kenner von Orchideen wissenschaftlichen Rang.

Mit Calaway Dodson und Alexander Hirtz verbanden ihn viele Jahre der Zusammenarbeit, die vor allem Shelby Gardens in Sarasota und Missouri Botanical Gardens in St. Louis zugute gekommen war. Carlyle Luer konzentriert sich in seiner taxonomischen Arbeit auf die Gattung Pleurothallis. Über Masdevallien gibt er eine Monographie heraus, die mit ihren aufwendig und großformatig gedruckten Aquarellen an die Reisewerke Alexander von Humboldts und anderer großer Naturforscher des 19. Jahrhunderts erinnert. Auch in der Arbeitsweise des Sammelns und Konservierens hat sich eigentlich seit den Tagen des großen Naturforschers wenig geändert. In zwei Stunden hatten die beiden Amerikaner etwa zwanzig unscheinbare Orchideen gesammelt. Man mußte schon die scharfe Brille des Fachmanns besitzen, wollte man anhand der winzigen Merkmale die Besonderheiten der Gattung Pleurothallis ausmachen.

Carlyle Luer öffnete die Ladeklappe des Jeeps und breitete die erste Ausbeute darauf aus. Zuerst widmete er sich den Blüten. In sein dickes Skizzenbuch zeichnete er sorgfältig ihre Gestalt ein, besondere Merkmale wie etwa die Form der Lippe, des Bestäubungsapparats und so weiter. Er zeichnete die Blüte in Vorder- und Seitenansicht und machte Maßangaben dazu. Auch die Farben mußte er sofort beschreiben, da sie bei empfindlichen Pflanzen manchmal schon nach einer Stunde verblassen. Hinzu kamen Angaben über den Standort, die Gegend, die Höhenlage und das Klima. Kenner wie Luer wußten meist nicht nur auf den ersten Blick, welcher Gattung ihr Fund angehörte, sondern auch, ob die Spezies schon bekannt war oder nicht.

Und es waren viele neue Orchideen dabei. Zu den 2200 Arten, die bis dahin in Ecuador entdeckt worden waren, kamen an diesem Glückstag im Januar 1987 vermutlich zehn neue. Besonders Hirtz war unermüdlich. Er brachte immer wieder Nachschub aus dem Urwald zum Wagen. Wie üblich hatte er die Orchideen mit Wurzeln und Substrat von ihren Standorten gelöst, damit der Pilz erhalten blieb, mit dem die Orchideen in Symbiose lebten. Auch von den Hirtzschen Funden waren die meisten für Laienaugen unansehnlich und wahre Winzlinge. Hirtz verließ sich im übrigen auf ein anderes Mittel der Dokumentation. Mit geübten Griffen packte er seine Kamera, Balgengerät und Stativ aus und fotografierte die Blüten, die besonders vergänglich erschienen, sofort, damit für die spätere genaue Beschreibung ein einwandfreies Bild vorhanden war. Robustere Blüten wollte er dann am Abend aufnehmen.

Das Trio Hirtz, Luer, Dodson hat in diesem Land wohl gut 20 Prozent aller in rund 200 Jahren entdecken Orchideenarten gefunden, und Hirtz und Luer hätten an diesem Tag ihrer Blütenlese einige weitere Prozente hinzugefügt, wäre nicht plötzlich ein Militärjeep die Windungen der Straße hinaufgeprescht. Der Fahrer hielt an und forderte uns auf, binnen einer Stunde zur Fähre zurückzukehren. Die Fähre müsse repariert werden, sagte er. Versäumten wir die letzte Fahrt, müßten wir möglicherweise eine ganze Woche auf dieser Seite des Flusses bleiben. Dazu reichten weder unsere Nahrungsmittel noch unsere Ausrüstung.

Luer war bestürzt. Er hatte sich ein ganzes Jahr auf diese Sammelreise vorbereitet. Auf unserer Expedition in das neue Gebiet hatten wir unterwegs schon Professor Dodson »verloren«, der die wissenschaftliche Ausbeute ebenfalls beträchtlich vergrößert hätte. Und nun dies! Trotz der Warnung des Soldaten war Alexander Hirtz kaltblütig genug, noch einmal in den Wald zu ziehen: »Was nützt das Geschrei! Machen wir das Beste aus der Lage!«

Wir waren schon sehr unruhig, als er nach einer halben Stunde aus dem Dickicht zurückkehrte, naß, verschmiert, außer Atem, aber triumphierend. Er hielt eine einzige Pflanze wie einen Pokal über dem Kopf.

*D*ie sagenhafte »Blaue Blume«:
Über die vielen Namenlosen, deren verwandtschaftliche Zuordnung noch zu überlegen und deren Anatomie vorerst in wissenschaftlicher Kleinarbeit zu studieren ist, erhebt sich diese schlanke Art als unverwechselbare Besonderheit. Pleurothallis condorensis wurde am 4. Februar 1987 von Alexander Hirtz aufgespürt und von Carlyle Luer in der Wildnis der Condor-Kordillere aus der Taufe gehoben.

Dann zeigte er sie uns – eine Orchidee mit vielen wunderschönen violettweißen Blüten, jede etwa so groß wie ein Daumennagel. Carlyle Luer und Alexander Hirtz waren sich sofort einig: Man hatte eine Pleurothallis-Art gefunden. Aber eine neue, eine bislang unbekannte! Sie war die sagenhafte »Blaue Blume«, nach der jeder Botaniker auf der Jagd war, die eigentlich jeder Mensch einmal in seinem Leben entdecken möchte.

Die neue Orchidee war das, was der Fachmann einen »spektakulären Fund« nennt. Irgendwie fühlten wir uns alle ein wenig daran beteiligt, deshalb ließen wir auch sogleich an Ort und Stelle den »wissenschaftlichen Rat« tagen, der der Orchidee für alle Zeiten ihren wissenschaftlichen Namen geben sollte. Wir einigten uns auf den Namen Pleurothallis condorensis.

Unser Abschied von der Cordillera del Condor war überstürzt. In mörderischem Tempo steuerten Hirtz und Wiesner ihre Geländewagen zu Tal. Die Urwaldwände färbten sich schon dunkel, als wir endlich um die letzte Straßenwindung herum waren. Und da leuchtete das Gelb der Fähre freundlich zwischen den Stämmen am Ufer des Rio Zamora hervor.

Der aussichtslose Wettlauf

Wieder wohlbehalten zurück in Quito. Wir trafen uns alle in der Stadtwohnung von Calaway Dodson, der uns erzählte, daß ein Erdrutsch ihn zur Umkehr gezwungen hätte. Das Hochhaus, in dem er lebte, balancierte verwegen an der scharfen Kante eines Taleinschnitts, durch den Francisco de Orellana 1541 von Quito aus nach Amazonien aufgebrochen war.

Heutzutage sind die Entdeckertaten bescheidener, die Hilfsmittel oft allzu nüchtern für den Geschmack des Romantikers. In den Arbeitsräumen von Calaway Dodson standen zwei Computer, in denen Orchideenarten gespeichert waren.

Luer und Dodson beherrschten die Klaviatur virtuos, besonders wenn es um die vertraute »Melodie« der tropischen Orchideen Südamerikas ging. Zu diesem Thema lagerte alles erreichbare Material in den Regalen. Das waren vor allem sogenannte Computerprints mit genauen Zeichnungen und Beschreibungen. Wenn die Entdecker Dodson, Hirtz oder Luer hießen, fand man in diesen Räumen meist auch den Herbarbeleg.

Wir hatten uns also um den Computer hinter Carlyle Luer versammelt, der vor unseren Augen alle die Daten von Pleurothallis-Orchideen abrief, die unserer »Blauen Blume« verwandtschaftlich ganz nahe kamen. Die Fragen an den Computer waren bald beantwortet, und die kleine Sensation war perfekt: Unsere Pleurothallis condorensis war ohnegleichen!
Auch das weitere Ergebnis der Expedition war gut. Mindestens 25 neue Arten gehörten zur Ausbeute der insgesamt achttägigen Expedition. Die Freunde rechneten mit einem Jahr, ehe alle Funde so bearbeitet sein würden, wie es die Wissenschaft verlangte. Man kann übrigens in jeder Orchideengattung nur eine Art mit dem eigenen, dem Entdeckernamen, belegen. Sonst würden wohl weit mehr Orchideen die Namen Dodson, Hirtz oder Luer tragen.

Zu den bedeutendsten Funden von Alexander Hirtz gehörte nicht unsere Pleurothallis condorensis, sondern unter anderem die großblütige und außergewöhnliche Dracula hirtzii Luer sp. nov. 1979 fand sie Alexander Hirtz im Occidente von Ecuador. Luer, der sie beschrieb, gab ihr den Namen des Entdeckers.
Unsere Forscherfreunde gestehen gern, daß der Ehrgeiz, immer wieder neue Blüten in den Strauß »ihrer« Orchideen einfügen zu können, sie stets aufs neue in die Wildnis treibt. Diesen Ehrgeiz teilen sie mit anderen Orchideenjägern, doch hatten sie kein Verständnis für die Namensgebungsmanie unter manchen Botanikern. Hirtz hat viele von ihnen auf Expeditionen geführt. Und manche Freunde unter ihnen. Dennoch war er der ganzen Zunft gegenüber skeptisch eingestellt: »Da findet man die größten Egoisten und Fanatiker.«

Historische und aktuelle Beispiele belegen sein Urteil. So wirkte zum Beispiel an einer amerikanischen Universität ein wahrer »Bestimmungsriese«, der für eine großangelegte Arbeit vom Wiener Herbarium alle Herbarbelege leihweise erhielt. Obwohl sie ihm nur für eine Frist von zwei Jahren überlassen worden waren, gab er sie erst nach zehn Jahren zurück, und das nur auf internationalen Druck. So lange hatte der Mann die Arbeit anderer Wissenschaftler, die auf den Vergleich mit dem vorhandenen Material angewiesen waren, einfach blockiert. Peter T. Hunt vom Orchideen-Herbar in Kew Gardens teilte einmal seine Kollegen in zwei Gruppen ein, die »lumperer« und die »splitterer«.

Die ersten, die Generalisten, betrachten schon die Zahl von 18 000 Orchideen-Arten und weit mehr als 35 000 Hybriden als unüberschaubar und möchten den Katalog nur langsam vergrößern. Die anderen nutzen jede bescheidene Variation in Form, Farbe und Größe zur weiteren Unterteilung: »Keine zwei Orchideologen«, stellte Hunt fest, »stimmen überein, wenn sie die Zahl der Orchideen-Arten nennen sollen.« Die Literatur kennt mehr als 140 000 Namen. In der persönlichen Kartei des Amerikaners Lesley Garey stehen über 60 000 Namen. Er hielt 1960 die Zahl von 30 000 Arten für realistisch, sein Kollege Willis 1973 die Zahl von 17 000, Dressler 19 192. Alle aber sind sich darin einig: 25 Prozent sind noch nicht entdeckt und beschrieben.

Gattung und Spezies von Pflanzen kennt man schon seit den Zeiten des Aristoteles. Alle Arten einer Gattung müssen charakteristische Gemeinsamkeiten aufweisen. Manchmal gehören über tausend Pflanzen, manchmal nur drei zu einer Gattung. Aber auch eine Art kann nach Form und Farbe variieren. Dann spricht man von einer Varietät. Die Geschichte der Taxonomie ist besonders auf dem Feld der Orchideen eine Geschichte der Irrtümer, des Richtungsstreits, der Tragödien. Der größte Teil des Bestimmungswerks auf diesem Gebiet ist im 19. Jahrhundert vollbracht worden.

Da ist an erster Stelle H. G. Reichenbach zu nennen, der für das Wiener Herbarium drei Millionen Herbarblätter zusammentrug. Von Reichenbach hieß es, er hätte den Blick für Verwandtschaften gehabt und das Wesentliche an einer Blüte gesehen. Aber sein Bild in der Geschichte der Taxonomie ist schwankend. Mal generalisierte er zu sehr, mal ging er zu eigenwillig zu Werke. Am schlimmsten aber war, daß er die Arbeit anderer Botaniker nicht anerkannte. Als er sah, daß es Leute gab, die ihn kritisierten, verfügte er, sein Herbarium solle 25 Jahre nach seinem Tod für alle Welt verschlossen bleiben. Sein unbändiger Ehrgeiz offenbarte sich auch in dem folgenden Schritt: Damit sein Name als erster in jeder Orchideen-Enzyklopädie stehe, belegte er eine Gattung schlauerweise mit dem Namen Aa.

*E*in hinfälliges, hauchzartes Geschöpf (Lepanthes sp. nov.), das hier in einem Winkel des Condor-Nebelwaldes, vielleicht auf einer einzigen Bauminsel, keimt und fruchtet. Ob es in seiner Abhängigkeit vom Nährboden der Tropengewächse überleben und je in einem Gewächshaus unter der Obhut eines Liebhabers wieder zum Blühen erwachen wird?

Unter den weiteren »Bestimmungsriesen« gelten John Lindley, Ernst Pfitzer und Rudolf Schlechter als besonders wichtig. Schlechter hat allein über 2000 Orchideen spezifiziert und damit mehr als jeder andere Botaniker vor oder nach ihm. Die Zerstörung seines Herbars im Botanischen Garten Berlin während des Zweiten Weltkriegs durch Bomben wird als botanische Weltkatastrophe angesehen. Überhaupt haben die beiden Kriege in der ersten Hälfte des 20. Jahrhunderts der Forschung unermeßliche Verluste gebracht. Durch Bomben und Feuer sind ja nicht nur große Herbarien und Bibliotheken zerstört worden. Vor allem sind auch zahllose lebende Orchideen, die in den Gewächshäusern gehalten worden waren, während der Kriegs- und Mangeljahre eingegangen, weil die Gewächshäuser nicht mehr beheizt werden durften oder konnten. So sind viele dieser Orchideen für immer verloren, weil man sie auch in der freien Natur nie wieder gefunden hat.

Mit dem Strahl des Blitzlichtes wird der Schlundtrichter dieser getigerten Masdovallia-Art bis in die hintersten Winkel ausgeleuchtet, zur Dokumentation der Farbzeichnung und der Proportionen als Grundlage für die wissenschaftliche Diagnose einer neuen Art. Das Alkoholpräparat wird blaß werden und etwas schrumpfen.

Inzwischen wurden die Methoden der Klassifizierung verfeinert. Der Computer speichert die erreichbaren Daten. Das Raster-Elektronenmikroskop erlaubt die Untersuchung der wichtigsten Strukturen. Schneller als solcher Fortschritt aber ist angesichts der Umweltzerstörung der Artentod.

Und wenn in Zukunft noch ein paar tausend Orchideen mehr klassifiziert, gepreßt und in Alkohol konserviert in unseren Herbarien liegen werden, dann werden wir mit Hilfe der botanischen Wissenschaft wenigstens wissen, wie viele Orchideen wir in der freien Natur für immer verloren haben.

*N*ach dem Maß ihres moosblättrigen Kelches und dem unverwechselbaren Schmetterlingsbild der inneren Blütenteile wird auch diese neue Lepanthes-Art eindeutig festzuhalten und zu klassifizieren sein. Das Farbdokument liegt hier vor, das Objekt selbst ist in Alkohol fixiert einzusehen. Doch in der freien Natur frisch erblüht wie in dieser zauberhaft strahlenden Blitzaufnahme von Alexander Hirtz, ihrem Entdecker, wird man ihre Artgenossen voraussichtlich nicht mehr finden. Ihr Verbreitungsareal ist zu klein, die Wunde, die der Mensch in den Nebelwald reißt, zu groß.

Anhang

Anmerkungen

Kapitel 2

1 Paulus, Hannes F., und Gack, Claudia, Beobachtungen und Untersuchungen zur Bestäubung südspanischer Ophrys-Arten. In: Jahresbericht des Naturwissenschaftlichen Vereins in Wuppertal. Wuppertal 1980, Seite 55

Kapitel 4

1 Ebenda, Seite 58
2 Ebenda, Seite 60
3 Ebenda, Seite 59
4 Ebenda, Seite 59 ff.
5 Ebenda, Seite 57
6 Ebenda, Seite 57
7 Müller, Ilona, Vorstudium zu: Vergleichende blütenökologische Untersuchungen an der Orchideengattung Epipactis. Staatsexamensarbeit im Fachbereich Spezielle Botanik. Tübingen 1987
8 Ebenda
9 Müller, Ilona, Vergleichende blütenökologische Untersuchungen an der Orchideengattung Epipactis. Staatsexamen im Fachbereich Spezielle Botanik. Tübingen 1987, Seite 66
10 Ebenda, Seite 66
11 Müller, Ilona, Vorstudium zu: Vergleichende blütenökologische Untersuchungen an der Orchideengattung Epipactis. Staatsexamensarbeit im Fachbereich Spezielle Botanik. Tübingen 1987

Kapitel 5

1 Darwin, Ch., Die verschiedenen Einrichtungen, durch welche Orchideen von Insekten befruchtet werden. Stuttgart 1899
2 Schick, Bodo, Zur Anatomie und Biotechnik der Orchideen (in Druck; erscheint voraussichtlich 1989, Stuttgart)
3 Ebenda
4 Ebenda
5 Ebenda
6 Ebenda

Ergänzende Literatur

Barth, Friedrich G., Biologie einer Begegnung, die Partnerschaft der Insekten und Blumen. Stuttgart 1982

Baumann, Helmut, und Künkele, Siegfried, Die wildwachsenden Orchideen Europas. Stuttgart 1982

Clarke, Jenny, Saving Endangered Orchids. London 1983

Danesch, Othmar und Edeltraud, Orchideen Europas. Stuttgart 1962

Dodson, Calaway, Studies in orchid pollination. The Genus Coryanthes. American Orch. Soc. Bull. 34, 680–687 (1965)

Dodson, Calaway, The role of chemical attractants in orchid pollination. Biochemical coevolution. Oregon 1970

Dressler, Robert L., Die Orchidee. Stuttgart 1987

Fast, Gertrud, Orchideenkultur. Stuttgart 1980

Hess, Dieter, Die Blüte. Stuttgart 1983

Marden, Luis, The Exquisite Orchids. In: National Geographic. Washington 1971

Meusse, Bastiaan, und Morris, Sean, Blumen-Liebe, Sexualität und Entwicklung der Pflanzen. Köln 1984

Nilsson, Sven, und Massberg, Bo: Orchideen Mittel- und Nordeuropas. Stuttgart 1978

Ziegler, M., Ilg, W., Rieth, A. u. a., Pfullingen einst und jetzt. Pfullingen 1982

Dank

Die Autoren konnten dieses Buch und ihre Filme nur mit der Hilfe von Freunden und ihrem Sachverstand verwirklichen. Auch wenn die meisten von ihnen im Text erwähnt sind, sei ihnen an dieser Stelle noch einmal ausdrücklich gedankt: Alexander Hirtz und Professor Dr. Calaway Dodson in Quito, Ecuador; Dr. Carlyle Luer in Sarasota, Florida; Dr. Robert Staub in Zürich, Ilona Müller in Tübingen, Bodo Schick in Berlin, den Botanikern Eric A. Christenson und John Atwood in Shelby Botanical Gardens, Sarasota, und Jenny Clarke in Kew Gardens bei London.

Bildautoren

Fast alle Bilder in diesem Buch wurden während der Filmarbeiten von Karlheinz Baumann aufgenommen. Doch erhielten wir von einigen Forschern und Weggefährten wertvolle Ergänzungen: Alexander Hirtz steuerte die Aufnahmen auf den Seiten 18, 109, 111, 114, 117, 122, 125, 126, 128, 134, 138, 139, 140 bei, Dr. Robert Staub die auf den Seiten 21, 22, 23, 25, 26, 27, 28, 33, 104, 106, 110, 118, 132f.